U0220619

迈进科学的大门
拥抱有趣的世界

原来这就是病毒

【韩】全芳郁（著）
【韩】方相皓（绘）
尹悦（译）

華東理工大學出版社
EAST CHINA UNIVERSITY OF SCIENCE AND TECHNOLOGY PRESS
·上海·

图书在版编目（CIP）数据

原来这就是病毒 /（韩）全芳郁著；（韩）方相皓绘；尹悦译. —上海：华东理工大学出版社，2023.1

ISBN 978-7-5628-6946-7

Ⅰ. ①原…　Ⅱ. ①全… ②方… ③尹…　Ⅲ. ①病毒－青少年读物　Ⅳ. ①Q939.4-49

中国版本图书馆CIP数据核字（2022）第172390号

著作权合同登记号：图字 09-2022-0674

策划编辑 / 曾文丽
责任编辑 / 祝宇轩
责任校对 / 张　波
装帧设计 / 居慧娜
出版发行 / 华东理工大学出版社有限公司
地址：上海市梅陇路 130 号，200237
电话：021－64250306
网址：www.ecustpress.cn
邮箱：zongbianban@ecustpress.cn
印　　刷 / 上海四维数字图文有限公司
开　　本 / 890 mm × 1240 mm　1/32
印　　张 / 5
字　　数 / 74 千字
版　　次 / 2023 年 1 月第 1 版
印　　次 / 2023 年 1 月第 1 次
定　　价 / 39.80 元

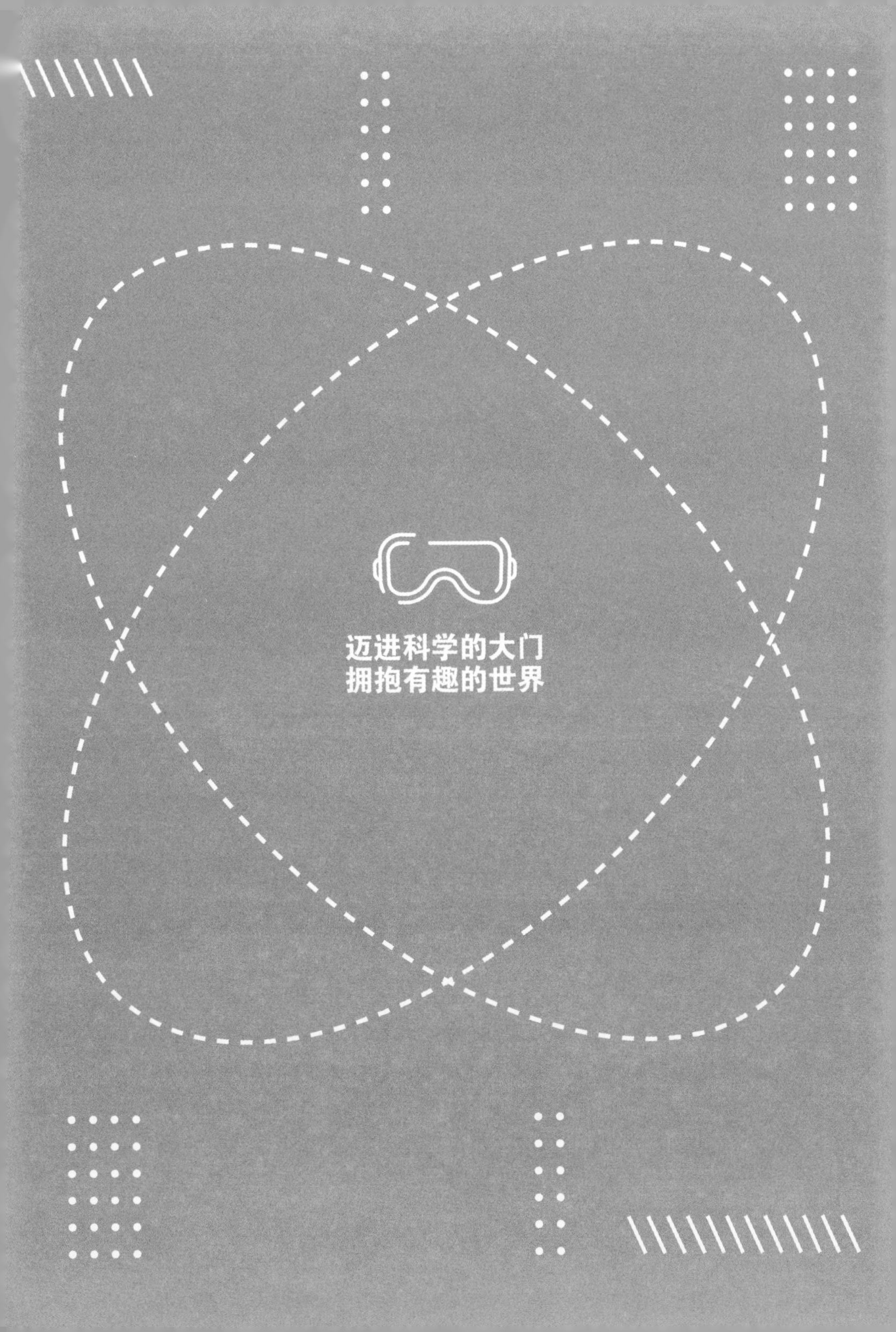
迈进科学的大门
拥抱有趣的世界

走进病毒的世界

由于新型传染病新型冠状病毒肺炎（简称“新冠肺炎”）的存在，很多人的生活都发生了不小的变化。刚开始，人们认为这场流行病只在少数国家和地区很严重，但是现在，世界卫生组织（WHO）已经宣布新冠肺炎是全球性流行病。在情况非常严重的时候，我们不能与亲朋好友见面，也不能正常工作、上学……这是很多人自出生以来，从未经历过的紧急事态。这时，了解与病毒相关的正确知识就显得非常重要了。

很多人并不知道细菌（bacteria）和病毒（virus）有什么不同，因此人们常常认为，对细菌有效的抗生素也可以用来杀死病毒，这是一种错误的认知。如果我们对于病毒是什么，以及如何去战胜病毒完全不了解，我们可能就会被虚假信息所操纵（比如在新冠肺炎流行初期，一些人相信用盐水漱口就能预防感染新冠病毒），就会完全无法抵挡新冠肺炎这样的新型流行病。

读完这本书，你会对病毒有一定的了解。希望大家通过阅读本书，能够了解为了战胜病毒，我们应该具备哪些知识，应该使用哪些方法？那么从现在开始，就让我们一起去了解病毒吧。

目录

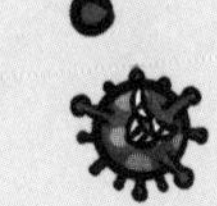

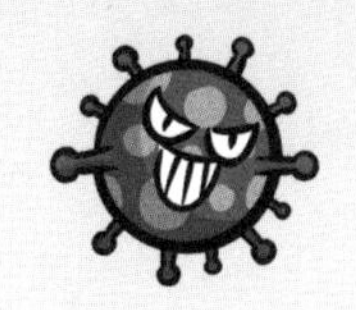

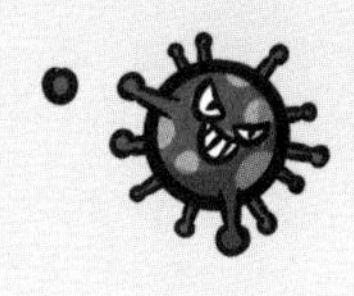

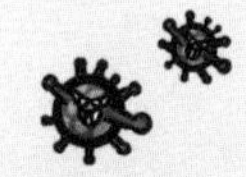

第1章
病毒是活的
还是死的？

病毒可以说是一种在“死的”与“活的”边界上游离的生物。病毒由核酸和蛋白质组成，在离体条件下，病毒能以没有生命的生物大分子形态存在，并长期保持侵染活力。但如果病毒幸运地遇到它的宿主（为寄生和共生的个体提供营养物质和生命场所的生物个体）的话，病毒就能以生物体（指拥有生命、能够独自维持生活现象的动物、植物及微生物）的形态，借助宿主细胞代谢形成的能量和物质，在宿主细胞内繁殖。可以说，病毒正是借助于宿主的生命而生存的。

在这一章中，我们将了解病毒是否属于生物体，以及人们是如何发现病毒的。

1. 病毒是生物体吗?

根据病毒会引发多种疾病这一事实，19世纪末的科学家们将病毒与细菌联系起来，认为它们是最简单的生物体形态。但是，病毒并不具有生物体应有的基本细胞结构。这就是有些人认为病毒不能被划分为生物体的原因。

我们在讨论病毒之前，首先来谈谈生物体的基本构成单位——细胞。所有的细胞都有细胞膜，细胞膜可以把细胞与外界环境隔开，使得细胞内部维持一个相对稳定的环境。细胞内通常含有基本的遗传物质，因为遗传物质呈酸性，易被碱性染料染色，所以被称为核酸。核酸一般分为脱氧核糖核酸（DNA）和核糖核酸（RNA）。除此之外，细胞中还有各种使细胞能正常工作、运转的细胞器。

然而，不同种类的生物细胞在结构上有很大的差异。像细菌细胞，它的遗传物质是裸露的，没有核膜包裹着细胞核。而在动植物细胞中，细胞核是有核膜包裹的，是成形的。除了细胞膜、核膜，动植物细胞内还有细胞器膜，这些膜结构组成了完整的生物膜系统，维持着细胞与外界正常的物质交换。然而，病毒没有细胞结构，也没有这一套完整的生物膜系统。

但是，病毒与由细胞组成的生物体也有相似之处。比如说，病毒像所有活的生物体细胞一样，含有遗传物质，这些遗传物质发挥作用的原理也都相同。所以，病毒也可以像生物体一样，出现遗传、变异和进化。

因此，病毒虽然达不到生物体的标准，但可以说，它表现出了生物体的某些特征。生物学科研究病毒，也是因为病毒具有这些特征，并且能够对其他生物体产生影响。目前病毒学者们认为，病毒处于生物体和非生物体中间模糊的界限上。

生物体的七个特征

以下是科学家们所提出的生物体的七个特征，我们就依此来进一步确认病毒的“身份”吧。

第一，生物体能维持一定的内部环境。所有的细胞都有细胞膜，但病毒没有细胞膜，那么病毒能控制它的内部环境吗？病毒只有包裹着遗传物质的蛋白质衣壳，虽然有些病毒具有脂质的包膜，但这种膜并不是能够维持内外环境差异的细胞膜。虽然一些科学家认为，衣壳和包膜可以帮助病毒抵抗部分环境的变化（关于病毒的结构，将在后面的章节中详细说明），但是大部分科学家认为病毒不符合生物体的这个标准。

第二，生物体具有完整的结构。病毒通常只具有核酸和蛋白质衣壳，并没有像细胞一样完整的结构。

第三，生物体具有生长的特征。生长是生物体利用能量和营养物质，大小增加，结构、功能变复杂的过程。病毒虽然可以利用宿主细胞复制出新的病毒，但它本身不会变大、变复杂。因此，我们不能说病毒具有生长的特征。

第四，生物体具有生殖的特征。病毒为了战胜宿主的免疫系统而生存下去，就必须复制出更多的病毒。从这一点来看，病毒确实具有生物体繁殖后代的特征，但描述病毒的繁殖，我们常常使用“复制”这个词。病毒繁殖的方式是自我复制。病毒只能借助宿主细胞，复制合成新的遗传物质，并合成能包裹遗传物质的蛋白质外壳。

第五，生物体能进行新陈代谢。病毒复制产生新的病毒，从合成核酸到组装衣壳，这一过程需要很多的能量。但是，这个过程中所使用的能量并不是由病毒自己产生的，而是从宿主细胞中“夺”来的。病毒利用了宿主代谢产生的能量维持自己的生活。

第六，生物体具有应激性。应激性是指生物体面对环境的某种变化能迅速做出反应的能力。病毒面对环境的变化是否会做出反应？这个问题回答起来可能有点困难。因为病毒似乎无法在短时间内做出反应，但是，一段时间后，病毒又能表现出诸如改变自己的生活方式等适应性行为。截至目前，还没有充分的研究能够证明病毒会在哪些条件下做出适应性反应。

第七，生物体具有适应环境并影响环境，以及遗传和变异的特征。生物体的这种适应环境的特征会随着时间的推移积累为形态特征的变异，从而引发遗传变异。事实证明，长期以来，病毒可以逐渐改变自己的遗传基因，以应对宿主的免疫反应，复制出自己的后代；能够适应宿主环境的变异病毒会继续大量扩散，不能适应的病毒则会死亡。

病毒是活的还是死的?

病毒处于生物体和非生物体边界的另一个特征就是，即使它不能遇到宿主，也可以长时间以生物大分子的形态存活。病毒的这种能力，在烟草花叶病毒研究初期被发现，之后在实验室中，这一能力得到了确认。

目前为止，被人类成功消灭的病毒只有天花病毒。自1796年英国医学家爱德华·詹纳（Edward Jenner）发现天花病毒疫苗接种治疗法以来，在之后的180多年时间里，凭借一代又一代科学家和医务工作者的努力，终于在1980年，世界卫生组织宣告人类已经彻底消灭天花。

但就在1978年，在英国发生了一起悲剧事件。英国伯明翰大学的病毒学家亨利·贝德森（Henry Bedson）教授的实验室出现了管理漏洞，原来保存在这里的天花病毒发生了泄露，导致医学摄影师珍妮特·帕克（Janet

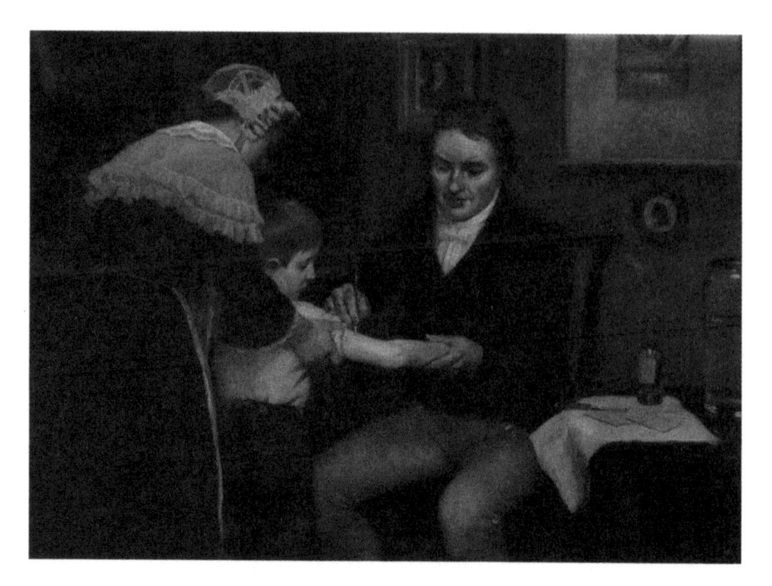

图1-1　为8岁少年接种疫苗的爱德华·詹纳

Parker）感染了天花病毒。天花病毒标本在瓶子里沉睡了很长时间，但在接触珍妮特·帕克之后，病毒快速在她的体内复制，最终导致了她的死亡。

那么，从上述事件中，我们可以得出病毒具有哪些特征呢？病毒究竟是活的还是死的？我们不能说它是活的，因为病毒不是由细胞构成的，它无法维持内部环境的稳定状态，它既不能生长，又不能代谢产生能量；但我们也不能说它是死的，因为死亡意味着生物体不能再表现出活的特征，但病毒却能在遇到宿主后进行复制。

所以也有人认为，与其说是病毒是真实的、活着的生物体，倒不如说它是一个“机器人杀手”。因为病毒虽然不能生长，不能自己代谢产生能量，但它却可以利用宿主代谢产生的能量完成复制，威胁宿主的健康。

那么，一种病毒会不会被另一种病毒感染呢？科学家们最近发现了一种细菌大小的巨型病毒，叫作拟菌病毒。在进一步研究后人们发现，在这种巨型病毒中，寄生着一种小的卫星病毒。如果拟菌病毒侵染了一种名叫阿米巴菌的细菌，就会在阿米巴菌细胞内建立一个巨大的“病毒工厂”，这时卫星病毒可以通过拟菌病毒建立的这个“工厂”，借助宿主细胞的能量和物质进行复制。因此，一些科学家认为，如果病毒具有侵染活力的话，就理应被视为是生物体。

病毒和细菌有什么不同呢?

病毒和细菌都很小，我们无法用肉眼观察到它们，但由于它们都会引发疾病，所以最初人们把它们归为同一种生物体，这是错误的观点。

图1-2　抗生素对病毒并不起作用

病毒绝对不是细菌，虽然它们都有可能导致疾病，但从生物学角度来说，它们根本不属于一个级别。细菌虽然是小的单一细胞，但不一定需要宿主细胞就可以生存并繁殖后代。只要环境适当，即使在水龙头、键盘、把手等无生命物体的表面，细菌也能进行繁殖。但是，病毒的复制必须要有宿主细胞。

由于这些差异，细菌感染和病毒感染也是不同的概念。例如，遇到细菌感染后，医生会指导我们服用一定量的抗生素，抗生素会瞄准细菌的细胞壁、核糖体等特定位置进行攻击，从而杀死细菌。但是，由于病毒没有细胞壁以及可以合成蛋白质的核糖体等细胞器，所以抗生素无法对病毒产生影响。我们通常使用的抗病毒药

物，并不是可以“杀死”病毒，而是尽可能地阻止病毒的复制。

虽然抗生素不会对病毒起作用，但是在感染病毒且有细菌增殖的情况下，我们在服用抗病毒药物时仍会使用一定量的抗生素。然而，如果我们超过一定的标准或限度，随意使用抗生素的话，细菌的遗传物质就可能发生突变，从而产生具有耐药性的超级细菌，这会使抗生素的作用变得微不足道。

2. 人们是如何发现病毒的?

在很长一段时间内，人们仅知道病毒的存在，但一直没能揭示病毒的“真面目”。

19世纪末期，法国的路易・巴斯德（Louis Pasteur）、德国的罗伯特・科赫（Robert Koch）等科学家发现，包括人类在内的动植物所患的很多疾病都是由细菌引起的。因此，人们就以为所有的疾病都是由细菌引起的。但是，随后人们发现用于确认细菌的方法并不能用于查明一些疾病的病原体（引发疾病的微生物）。当时研究细菌的学者们虽然没能查明引起天花、狂犬病、家畜口蹄疫等疾病的病原体，却研发出了与这几种疾病有关的疫苗。也就是说，这些疫苗的研发，都是在科学家们查明这些疾病的病原体是病毒之前完成的。人们甚至一度认为，黄热病和天花等病毒性传染病，是具有“毒性”的风传播造成的。

查找烟草花叶病的原因

19世纪末，人们将烟草叶片变黄、带斑点的这种病态称为“烟草花叶病”。由于这种病导致了烟草产量大幅度减少，科学家们想找出影响烟草生长、使烟草产生斑点、对烟草造成危害的病原体。德国科学家阿道夫·迈耶（Adolf Mayer）在努力研究和查找烟草花叶病的致病原因的过程中，迈出了病毒研究的第一步。

1883年，迈耶得出了一个结论：烟草花叶病具有传染性。他发现，如果将患病的烟草植株的叶片汁液涂在健康的烟草植株的叶片上后，健康的烟草植株就会染病。之后，迈耶试图从叶片汁液的提取液中找出具有传染性的微生物，却以失败告终。因此他提出，这种疾病是由无法用显微镜观察到的非常小的细菌引起的，遗憾的是，他的研究也止步于此。

1884年，法国微生物学家查理·尚柏朗（Charles Chamberlain）发明了尚柏朗细菌过滤器，这种过滤器的孔径比细菌小，可以将含有细菌的溶液中的细菌过滤出来。

1892年，俄国科学家迪米特里·伊万诺夫斯基（Dimitri Ivanovsky）为了验证迈耶的假说，他尝试用尚柏朗细菌过滤器过滤患病的烟草植株的叶片汁液。他的想法是：假设感染因子是细菌，那么经过过滤后，感染因子就会留在过滤器中，而过滤后的叶片汁液就不会引发烟草花叶病了。可令他惊讶的是，过滤后的汁液还是能使健康的烟草植株患上烟草花叶病。因此，伊万诺夫斯基认为，患病的烟草植株的叶片汁液中的感染因子可能是某种能够通过细菌过滤器的毒素。接着他发现，即便是经过多次连续稀释的患病烟草植株的叶片汁液，仍然能引发烟草花叶病。

遗憾的是，伊万诺夫斯基的研究也没能更进一步。局限于“疾病是由细菌引发的”这一在当时占据主导地位的想法，伊万诺夫斯基也想当然地认为烟草花叶病是由细菌引发的。这种错误假设使他错失了发现病毒的机会。

1898年，荷兰科学家马蒂纳斯·贝杰林克（Martinus Beijerinck）重复了伊万诺夫斯基的实验，他发现烟草花叶病的病原体能够在琼脂凝胶中扩散。贝杰林克在论文中提出，通过细菌过滤器的叶片汁液仍然具有感染性，是因为汁液中能够通过过滤器的病原体可以引发疾病。细菌通常是在试管或培养皿中培养的，但贝杰林克发现，人们无法在细菌培养基中培养出烟草花叶病的病原体。他观察到，该病原体只在烟草叶片的细胞内增殖，并且在干燥状态下也可以长时间生存。

贝杰林克认为这种可以在细胞内增殖的病原体比细菌更小、结构更简单，并将其称为“传染性活流质”。后来，人们将其简称为“病毒”，表示其具有毒性（病毒的英文“virus”在拉丁语中的意思是“毒”）。因此，贝杰林克被认为是第一个提出病毒概念的科学家。

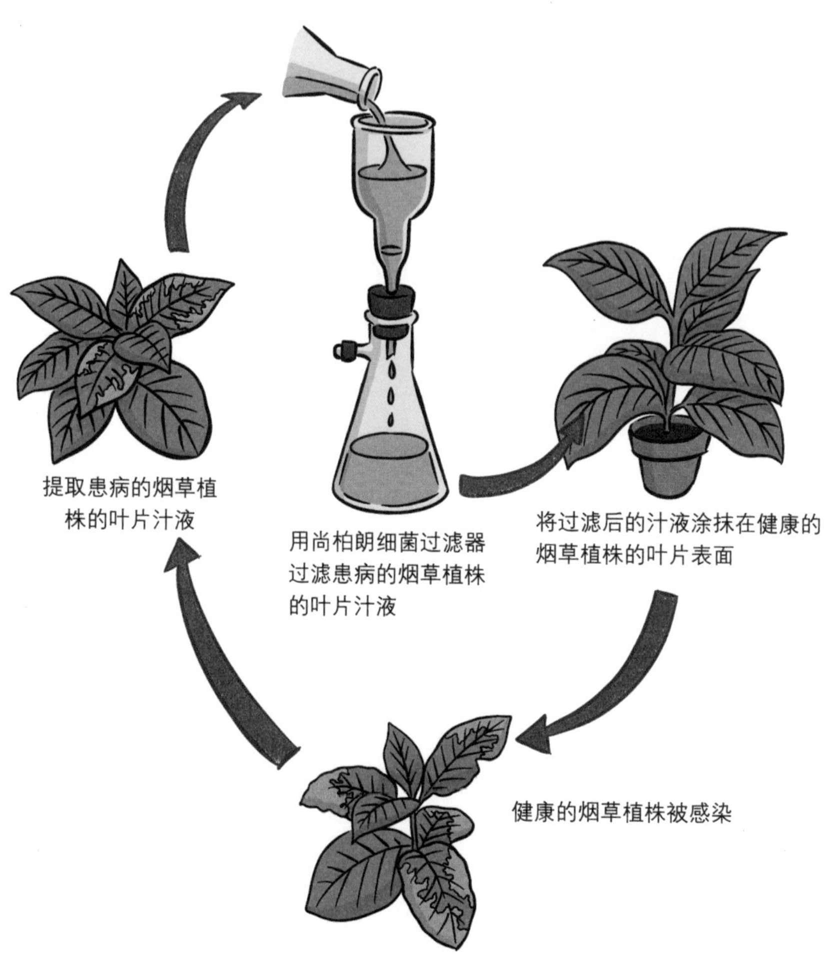

图 1-3　贝杰林克的病毒确认实验

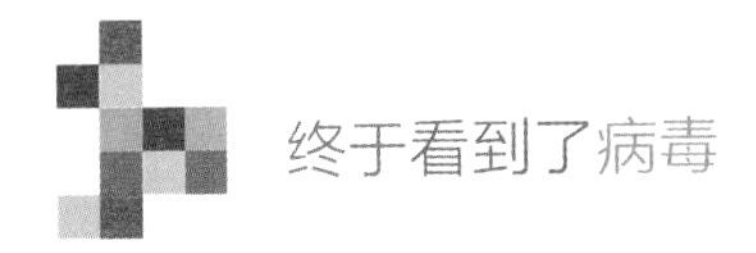

终于看到了病毒

同一时期，德国的弗里德里希·莱夫勒（Friedrich Loeffler）和保罗·弗罗施（Paul Frosch）发现，牛群中发生的口蹄疫不是由细菌引起的，而是由某种可通过细菌过滤器的病原体引起的。1900年，美国细菌学家沃尔特·里德（Walter Reed）发现，在古巴新出现的黄热病，也是由比细菌更小的病原体引起的。英国的细菌学家弗雷德里克·特沃特（Frederick Twort）和法国的微生物学家费里斯·修伯特·德赫雷尔（Félix Hubert d'Herelle），分别于1915年和1917年发现了能够感染细菌的病原体，并提出了能计算出这种病原体的数量的方法。

直到20世纪初，过滤的方法仍被广泛使用，细菌过滤器能够筛出的病原体种类也开始逐渐增加。但是，这种研究遇到了很多困难，早期的细菌学家们虽然做了很多努力，仍旧无法使用培养细菌的方法培养出这些无法被细菌过滤器滤出的病原体。也就是说，适用于研究细菌的方法对这种比细菌更小的病原体不再适用。不仅如此，那时的科学家们还没有得出结论，即这种病原体是生命体还是化学物质？这种情况持续了很长一段时间。

虽然贝杰林克大胆地提出过这种病原体就是病毒的观点。但直到1935年，美国生物化学家温德尔·斯坦利（Wendell Stanley）得到了烟草花叶病毒的结晶体后，贝杰林克的观点才被认可。斯坦利利用化学的方法，从患病的烟叶汁液的提取液中分离出了烟草花叶病毒的结晶。通过光学显微镜，他第一次观察到烟草花叶病毒的结晶是细长的针状。

斯坦利从各种角度证明了烟草花叶病毒虽然不能用培养细菌的方法进行培养，但如果它侵染了健康的烟草植株，就可以增殖。斯坦利通过一种极其简单的方法，就是将一些含有病毒的过滤液涂在健康的植株叶片上，使健康的植株患病，从而从患病植株的组织中获得了大量的病毒性物质。斯坦利确认并培养烟草花叶病毒的方法得到了其他科学家的认可，他最终也获得了1946年的诺贝尔化学奖。

1939年，德国的古斯塔夫·考舍（Gustav Kausche）等人利用电子显微镜，首次观察了烟草花叶病毒，除此

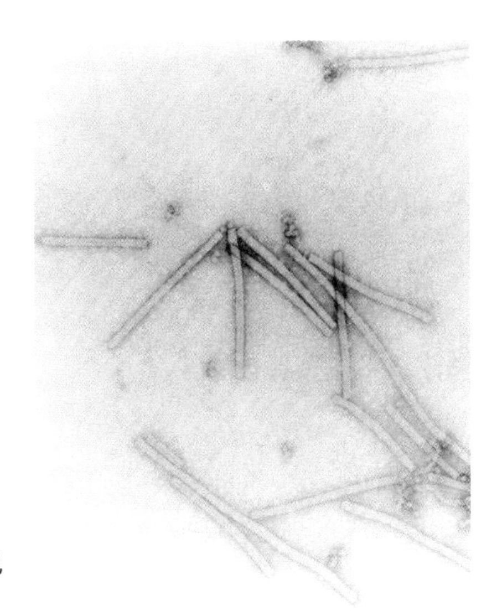

图1-4　烟草花叶病毒的电子显微镜照片

之外，他们还观察了许多其他病毒，从而确认了病毒与细菌及其他生物体的不同之处。

病毒是由什么组成的?

斯坦利虽然在病毒研究方面取得了重要的成就，但也提出过错误的观点。1935年，他提出病毒是由蛋白质组成的。这一错误的观点，于第二年被英国科学家弗雷德里克·查尔斯·鲍登（Frederick Charles Bawden）和诺曼·皮里（Norman Pirie）提出的病毒是由蛋白质和核酸构成的观点所纠正。

1952年，美国遗传学家阿尔弗雷德·赫尔希（Alfred Hershey）和他的助手玛莎·蔡斯（Martha Chase），利用噬菌体（一种病毒）进行了一项实验，发现了DNA是遗传物质，蛋白质不是遗传物质。1955年，美国生物化学家海因茨·弗伦克尔-康拉特（Heinz Fraenkel-Conrat）和罗布利·威廉姆斯（Robley Williams）证明了只要将病毒的RNA和少量蛋白质混合，就能合成烟草花叶病毒。

1956年，阿尔弗雷德·吉勒（Alfred Gierer）和格哈特·施拉姆（Gerhardt Schramm）发现，除去病毒的蛋白质结构，只接种病毒的核酸就能感染生物体，可以完全复制病毒。1962年，美国生物学家马歇尔·沃伦·尼伦伯格（Marshall Warren Nierenberg）和德国生物学家海因里希·马太（Heinlich Matthaei）发现，将病毒的RNA添加到装有细胞提取物的试管中就会产生大量的病毒蛋白质，证明了病毒的遗传物质也可以是RNA。为了更好地理解这种特殊的、微小的病原体，科学家们进行了许多研究，使得人们在过去的几十年里，对于病毒的生物学性质有了更多的了解。

第2章
仔细观察病毒

就像世界上有很多种类的生物一样，世界上也有很多种类的病毒，它们的大小、形态、生活方式等也各不相同。但是，病毒通常有几个重要的共同点：它们都有一种叫作“衣壳”的蛋白质外壳，衣壳里包裹着由DNA或RNA组成的核酸，衣壳外面有一种叫作“包膜”的脂质膜。下面，让我们仔细地观察一下病毒的这些结构特征吧！

1. 病毒有多小?

一般来说，病毒的体积比细胞更小。人类细胞的直径大约是10 μm，差不多是一根头发横截面直径的十分之一。细菌细胞的直径比人类细胞的直径更小，大约是1 μm，而病毒比细菌还要小。前一章提到过，细菌不能通过尚柏朗细菌过滤器，而病毒能通过。病毒的直径为20 nm～300 nm，平均直径约为80 nm。相比于常见

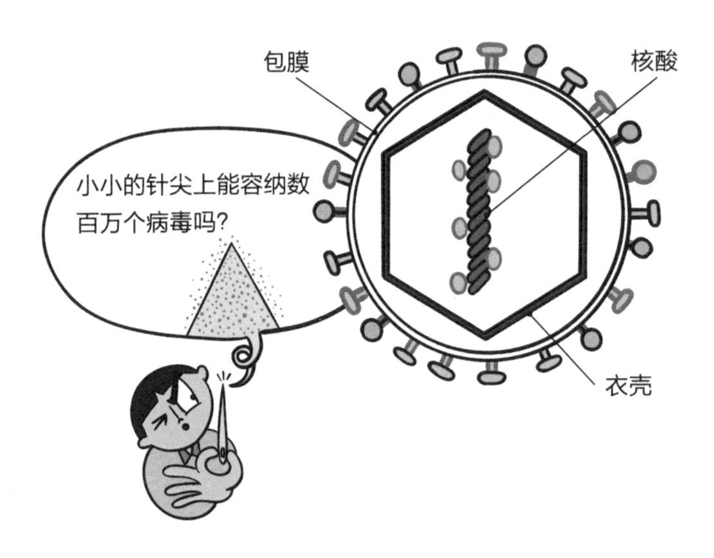

图2-1　常见的病毒结构

的大肠杆菌，病毒大小只相当于它的大约十二分之一。最小的病毒直径只有20 nm，比细胞的核糖体还要小。也就是说，仅仅针尖大小的地方就可以容纳数百万个病毒。

但是，最近人们也陆续发现了多种巨型病毒。据悉，阔口罐病毒（Pithovirus）被认为是目前为止最大的病毒。这种病毒长度最长可达1.5 μm，直径最大的有0.5 μm，甚至比一部分细胞还要大。然而，即使是这种巨型病毒，我们也只能通过光学显微镜才能看清楚它的模样。

2. 病毒有外壳吗?

“衣壳”（capsid）一词源于拉丁语单词“capsa”（意思是盒子）。衣壳是一种包裹着病毒核酸的蛋白质外壳，它是由多个蛋白质分子组成的，这些蛋白质分子相互连接，形成一个个“壳粒”，壳粒经过排列之后形成衣壳。

根据病毒种类的不同，衣壳呈杆状、多边形或复合型。有些病毒的衣壳结构比较简单，只有1种或2种衣壳粒；而有些病毒的衣壳结构比较复杂，衣壳粒的种类可多达20种。

根据病毒衣壳的壳微粒的不同排列方式，病毒呈现不同的构型。

螺旋对称壳体：此类衣壳因其螺旋排列的中空的圆柱体状结构而得名，具有这种衣壳的病毒被称为螺旋对称型病毒，其中最具代表性的就是烟草花叶病毒。烟草花叶病毒的蛋白质亚基在核酸周围有规律地呈螺旋状排列，从而形成高度有序、对称的稳定结构。

二十面体对称衣壳：此类衣壳是由20个三角形面组成的接近于球状的结构，具有这种衣壳的病毒被称为二十面体病毒。根据病毒种类的不同，有些二十面体基本结构中的棱角会被削去，从而形成更多面的多面体。感染动物呼吸道的腺病毒的衣壳就是由252个相同的衣壳蛋白质复制组成的。一部分二十面体病毒中，还存在着包绕在病毒衣壳外的双层膜——包膜，如流感病毒和新型冠状病毒的衣壳外都有脂质包膜，包膜中含有可以与宿主细胞结合的刺突蛋白。

复合对称壳体：此类衣壳既有螺旋对称部分，又有

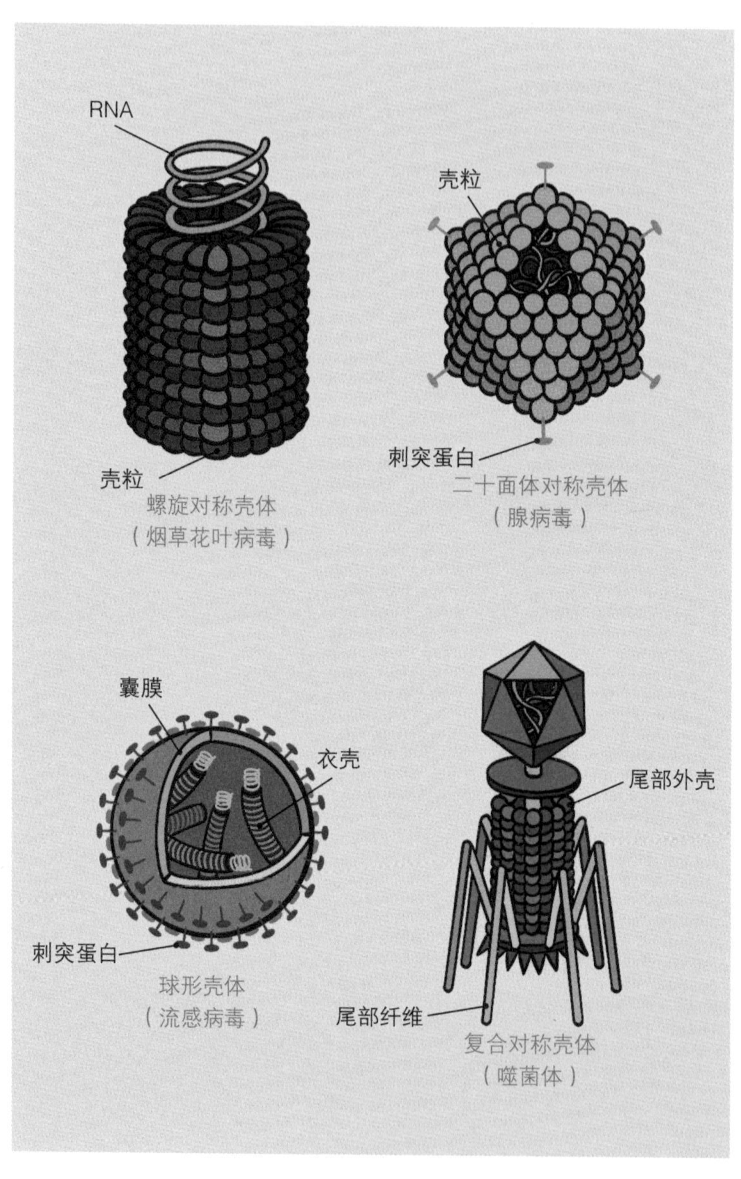
RNA
壳粒
螺旋对称壳体
（烟草花叶病毒）
壳粒
刺突蛋白
二十面体对称壳体
（腺病毒）
囊膜
衣壳
刺突蛋白
球形壳体
（流感病毒）
尾部外壳
尾部纤维
复合对称壳体
（噬菌体）

图2-2 不同病毒的衣壳

多面体对称部分，如噬菌体的衣壳。噬菌体的衣壳的头部呈二十面体对称，而尾部呈螺旋对称。

3. 病毒有膜结构吗？

能够诱发获得性免疫缺陷综合征（艾滋病）的人类免疫缺陷病毒（HIV）和狂犬病病毒、流感病毒等多种病毒都具有包裹核酸和衣壳的外膜，这种外膜称为包膜（也称囊膜）。包膜可以帮助病毒侵入宿主细胞，大多数动物病毒具有包膜。

包膜一般是由蛋白质、多糖和脂类构成的类脂双层膜，然而包膜中的脂质和大部分膜蛋白质都不是由病毒合成的，而是由病毒在宿主细胞内释放的过程中获取的宿主细胞的细胞膜或核膜成分。

有的病毒的包膜上还有向外凸起的刺突蛋白，刺突蛋白通常是由病毒自身合成的糖蛋白。病毒在侵染宿主细胞的过程中，刺突蛋白就像一把打开细胞大门“钥匙”，它能快速与宿主细胞的细胞膜上的受体结合，从而加快病毒的侵入。

4. 病毒的遗传物质是什么?

病毒和其他生物体一样，也含有遗传物质——核酸。前面说过，核酸是脱氧核糖核酸（DNA）和核糖核酸（RNA）的总称，是由许多核苷酸单体聚合成的生物大分子化合物，是生命的最基本物质之一。根据核酸种类的不同，病毒分为DNA病毒和RNA病毒。

病毒体积太小，通常只能携带少量的遗传物质。当然，不同种类的病毒携带基因的数量不同，有的病毒仅有3到4个基因，有的病毒则有成百上千个基因。核酸分子中存在着可以指示表达酶的基因组，酶是复制病毒衣壳和遗传物质时的必需物。

在下一章中，我们将更加详细地对病毒的遗传物质进行说明。

第3章
病毒的
分类和起源

世界上有着各种各样的病毒，根据遗传物质的不同，病毒可以分为DNA病毒和RNA病毒；根据宿主的不同，病毒可以分为植物病毒、动物病毒、微生物病毒等。除此之外，还可以根据病毒的形状和是否存在包膜等特征，对病毒进行更细致的分类。

1. 按照巴尔的摩分类法对病毒进行分类

巴尔的摩病毒分类系统是我们经常使用的病毒分类系统之一，它是根据病毒的遗传物质是DNA还是RNA，是单链还是双链，以及不同病毒基因组（遗传物质）合成mRNA（信使RNA，是由DNA的一条链作为模板转录而来的、携带遗传信息能指导蛋白质合成的一类单链核糖核酸）方式的不同进行分类的。

如果知道病毒的类型，我们就可以大致推断出病毒核酸复制的方式。如图3-1所示，图中第1类为双链DNA病毒，第2类为单链DNA病毒，第3类为双链RNA病毒，第4类为正链单链RNA病毒，第5类为负链单链RNA病毒，第6类为有DNA中间体的正链单链RNA病毒，第7类为有缺口的双链DNA病毒。

病毒只能通过mRNA翻译（以mRNA为模板生成蛋白质的过程）形成蛋白质，这就是为什么巴尔的摩分类法中强调mRNA的合成方式。

病毒侵染宿主细胞的目的是借助宿主细胞的细胞

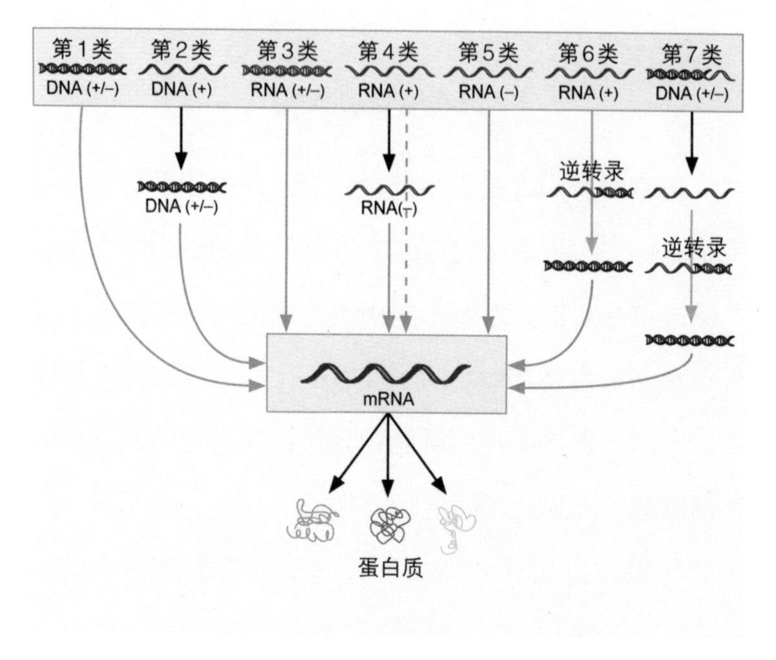

图3-1　按照巴尔的摩分类的病毒分组

体系，复制出更多的病毒。因此，这意味着所有病毒都必须将它们的遗传物质转化成可以借助宿主细胞复制的形式，病毒利用宿主细胞提供的能量和物质大量复制核酸，转录（以DNA为模板生成mRNA的过程）合成mRNA，再通过mRNA指示，翻译合成病毒的蛋白质。病毒核酸和蛋白质合成后，再进行装配形成子代病毒，然后释放到细胞外，以侵染新的宿主。

2. 遗传物质是DNA的病毒

DNA病毒是如图3-1所示的第1类、第2类和第7类病毒。只要是DNA病毒，不论遗传物质是单链DNA还是双链DNA，最终在宿主细胞中都会形成双链DNA。让我们一起来仔细看看这种病毒吧。

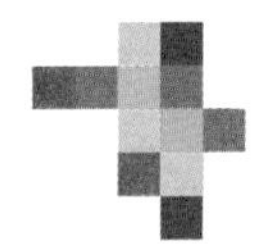

第1类：双链DNA病毒

大部分DNA病毒的基因组都是双链DNA。这类病毒通常是进入宿主细胞核之后进行自我复制，这就可能导致细胞病变。因为双链DNA是自然界中的大部分生物遗传物质的组成形式，所以，有些生物学家认为，某些双链DNA病毒的来源可能是由于生物细胞在进化过程中丧失了细胞结构。

目前已知的最大病毒——阔口罐病毒，以及天花病毒、疱疹病毒、感染细菌的噬菌体等都是双链DNA病毒。双链DNA病毒侵入宿主细胞后，病毒的遗传物质——双链DNA转录合成mRNA，在此基础上翻译产生病毒的蛋白质。此外，病毒的遗传物质在宿主细胞中也可以通过半保留复制的方式，复制产生新的遗传物质。

第2类：单链DNA病毒

大部分体积较小的DNA病毒的基因组是单链DNA，如可以感染犬类动物的细小病毒。此外，像φX174、M13、fd噬菌体等病毒的基因组是由单链组成的环状DNA。单链DNA病毒在复制核酸时，首先利用宿主细胞的DNA聚合酶将单链DNA补成双链DNA，然后用像第1类病毒一样，转录mRNA，翻译蛋白质。

第7类：有缺口的双链DNA病毒

虽然与第1类的双链DNA病毒相似，但是第7类病毒的DNA链之间有缺口，这类病毒在复制过程中需要先补齐这个缺口生成完整的双链DNA，然后才能像第1类病毒一样，以双链DNA为基础转录产生mRNA。第7

类病毒复制核酸的方式与第1类病毒有很大的差别。第7类病毒可以将mRNA作为模板链，逆转录（以RNA为模板生成DNA的过程）产生DNA。而在这个过程中参与合成的逆转录酶（逆转录过程中分离出来的一种酶）是这类病毒基因组中自带的，被称为RNA依赖的DNA聚合酶。

3. 遗传物质是RNA的病毒

由于宿主细胞没有以RNA为模板形成RNA的酶，因此RNA病毒复制和转录时，通常“自带”合成RNA相关的酶（RNA依赖的RNA聚合酶，即以RNA为模板形成mRNA和病毒RNA基因组的酶）。

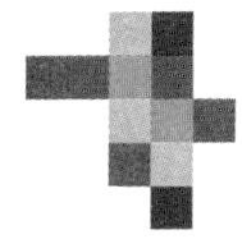

第3类：双链RNA病毒

这类病毒的特点是双链RNA由多个片段组成，它可能是由单链RNA病毒在感染植物、哺乳类动物等生物的过程中进化而来的。该类病毒复制时先以双链

RNA中的负链为模板形成mRNA，当产生的病毒蛋白达到一定程度后，又以正链为模板合成负链RNA。植物疾病大多是由双链RNA病毒引起的。

第4类：正链单链RNA病毒

正链单链RNA病毒的遗传物质是正链RNA，这种RNA与mRNA的方向是一致的，它可以直接翻译出蛋白质。因此，如果正链单链RNA病毒进入宿主细胞，传染性会非常强。这类病毒在复制时，即可以将正链RNA作为模板，合成负链RNA，又可以以负链RNA为模板，继续形成正链RNA，从而进行快速组装，形成新代病毒。

正链单链RNA病毒是最常见、最多样化的病毒之一，包括烟草花叶病毒在内的能够引发农作物疾病的大部分病毒都属于这种类型。正链单链RNA病毒引发的人类疾病有脊髓灰质炎、丙型肝炎、中东呼吸综合征等。新型冠状病毒作为属于该种类的代表性病毒，其传染性非常强。可见，正链单链RNA病毒是从多细胞生物那里经过多次进化而来的。

第5类：负链单链RNA病毒

麻疹、腮腺炎、狂犬病以及流感都是由负链单链RNA病毒引起的。这类病毒通常先以负链RNA为模板，合成正链RNA，接着，和第4类病毒一样，由于正链RNA和mRNA的顺序一致，可以翻译出病毒的蛋白质，后续又可以以mRNA为模板，继续合成负链RNA。由于宿主细胞中没有以RNA为模板合成mRNA的酶，所以宿主细胞如果不被病毒侵染，就不能以这种方式合成mRNA。然而，科学家们推测，在DNA成为细胞内储存遗传信息的主要物质之前，单链RNA会是生物遗传物质比较普遍的存在形式。

与细胞不同，病毒可以将合成RNA聚合酶的基因整合到自己的遗传物质中，从而能指示宿主细胞合成病毒复制所需的遗传物质和蛋白质。如果病毒成功复制合成了病毒衣壳的基因，该病毒就能脱离宿主生存下来，从而感染新的宿主。人们认为这种事情在病毒进化的过程中已经发生过很多次了。因为研究发现，多种负链单链RNA病毒会侵染包括细菌、人类在内的遗传关系较远的生物。也就是说，负链单链RNA病毒不属于单一的遗传分支，人们认为这可能也证明了病毒有多次从细胞中“逃脱”的特殊经历。

第6类：有DNA中间体的正链单链RNA病毒

有DNA中间体的正链单链RNA病毒通常被称为逆转录病毒，这是因为这类病毒在复制时，宿主细胞不能直接翻译它们的mRNA，需要以mRNA为模板，把mRNA逆转录合成DNA。一旦这类病毒侵入脊椎动物细胞的细胞核中，它们就会以自身的RNA为模板逆转录合成双链DNA，并插入宿主的遗传物质中。每当宿主细胞的DNA被复制时，病毒的遗传物质就会一起复制。

这种病毒基因组被插入宿主细胞遗传物质中的逆转录病毒，被称为原病毒。逆转录病毒的部分遗传物质虽然与细菌、植物和大多数动物的遗传物质成分相似，但它只能侵染脊椎动物。有些逆转录病毒与癌症的发生有关，一旦被该病毒侵染，细胞就会不受控制地进行分裂。

来源于逆转录病毒的一部分基因组被插入宿主遗传物质后的双链DNA可以合成mRNA，然后翻译病毒的蛋白质。然而，被插入的双链DNA只有一小部分发挥作用，大部分都成为丧失功能的基因片段，不能再参与病毒的复制。通过对我们祖先们的遗传序列进行分析，可以了解他们的病毒感染记录。与人类的功能性遗传片段相比，逆转录病毒的遗传片段的存在比率更高。

巴尔的摩分类法中提到的这7类病毒都侵染过人类，但植物和细菌只感染过这7类病毒中的几类。因此，为了开发出能够有效治疗不同病毒感染引发的疾病的药品，我们有必要充分了解巴尔的摩分类法，了解每种病毒的所属种类、特征等。

表3-1　根据巴尔的摩分类法分类病毒

分类	特征	mRNA的转录方式	遗传物质的复制方式	举　例
第1类	双链DNA病毒	以双链DNA为模板直接转录	和宿主细胞一样，以半保留复制的方式复制双链DNA	阔口罐病毒、疱疹病毒、噬菌体

续　表

分类	特征	mRNA的转录方式	遗传物质的复制方式	举　例
第2类	单链DNA病毒	以双链DNA为模板直接转录	以单链DNA为模板，合成双链DNA；然后像第1类病毒一样，复制病毒遗传物质	犬细小病毒、φX174、M13、fd噬菌体
第3类	双链RNA病毒	以双链RNA的负链为模板转录	以mRNA为模板合成负链RNA，从而合成双链RNA	呼吸道肠道病毒、轮状病毒
第4类	正链单链RNA病毒	遗传物质具有像mRNA一样的功能	以mRNA为模板合成负链RNA，再以负链RNA为模板合成正链RNA	脊髓灰质炎病毒、丙肝病毒、新型冠状病毒
第5类	负链单链RNA病毒	以负链RNA为模板转录	以负链RNA为模板合成mRNA，再以mRNA为模板合成负链RNA	麻疹病毒、腮腺炎病毒、狂犬病病毒、流感病毒
第6类	有DNA中间体的正链单链RNA病毒	以合成的DNA中间体为模板转录	合成的DNA中间体产生mRNA	人类免疫缺陷病毒

续 表

分类	特征	mRNA的转录方式	遗传物质的复制方式	举 例
第7类	有缺口的双链DNA病毒	以补齐缺口的双链DNA为模板转录	DNA转录产生mRNA后，mRNA逆转录产生DNA	乙型肝炎病毒

4. 病毒起源的3种假说

科学家们很好奇世界上各种各样的病毒是怎样产生的。事实上，病毒可以存在于多种环境中。例如在淡水和海洋生态系统中，1毫升的水里约有1亿个病毒。生物学家们推测，地球上大约存在有10^{31}个病毒，这相当于所有细胞生物个体数量的1 000倍左右。

病毒无处不在，并在生态系统中发挥着重要的作用。例如，病毒会对海洋生态系统产生巨大的影响。每天，海洋中大约有一半的细菌会受到病毒的攻击。赤潮现象的消除，就是因为病毒的作用。

由于我们很难追踪病毒的进化过程，所以我们对病毒起源的了解还是十分有限的。主要原因如下：第一，因为病毒的遗传物质非常小，所以对病毒的进化和遗传的分析存在着局限性；第二，由于病毒遗传物质的突变率较高，遗传物质的快速突变和进化，导致人们很难从进化的角度分析某一种病毒的特征和类型；第三，由于病毒太小，很难形成化石，所以我们也很难从古生物学的角度，探寻病毒起源相关的线索；第四，病毒的种类多种多样，一种病毒的起源很难在其他病毒那里找到可参考的共同点。

因此，对于病毒的起源和进化，人们还没有统一的看法。但是，为了解释病毒的起源，科学家们提出了3种假说。

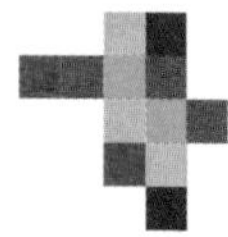

先行假说：病毒先于细胞

先行假说认为病毒先于细胞出现，并且对细胞生命的出现做出了贡献。为什么会出现这样的假说呢？这是因为病毒的遗传物质中，有很多细胞中无法找到的基因序列。正是由于这些基因序列是病毒所特有的，人们才会猜想病毒可能具有独特的起源。据科学家们

图3-2　先行假说

推测，大部分病毒最初是由环境中存在的蛋白质进化而来的。

然而从病毒的性质来看，这一假说存在明显的漏洞。病毒为了增殖需要以细胞作为宿主，由此可知，病毒出现之前，必须要有细胞存在。因此，我们可以推测，最早的细胞诞生后，过了很长时间病毒才出现。由于先行假说有不合理之处，因此很难被人们所接受。

逃逸假说：细胞，再见！

逃逸假说认为病毒曾在一段时间内是宿主细胞中的遗传物质的一部分，但后来在进化过程中逐渐脱离了细胞的控制。

大多数生物学家认为，病毒最开始是细胞遗传物质复制形成的DNA片段，或者是这些遗传物质合成的RNA产物。通过某种途径，这些携带遗传信息的片段被具有识别功能的蛋白质的保护膜包裹，并从细胞中逃脱。

图3-3　逃逸假说

按照这一假说，病毒的遗传物质与宿主细胞的遗传物质应该很相似。研究发现，病毒的某些基因本质上与宿主细胞的基因确实十分相似。虽然很多病毒的碱基序列最近才确定，但从病毒早期的进化过程中以及生物的遗传相似性分析中可以看出，病毒的起源可能是真核细胞的基因组中某些可移动的转座子（存在于染色体DNA上可以自主复制和移位的一段DNA序列）携带遗传物质逃逸出来，并与一些蛋白质结合，组成了病毒颗粒。因此，科学家们提出了病毒起源的逃逸假说。然而，逃逸假说不能解释为什么病毒衣壳和其他粒子在病毒中存在，却不存在于宿主细胞中。

尽管逃逸假说有一定的漏洞，但很多学者仍然认为，病毒是细胞的部分物质逃逸而形成的。根据这一假说，在我们目前的认知范围内，病毒虽然寄生在细胞中，但我们并不清楚病毒是否曾经参与基本的细胞功能，是否曾经为细胞的构成要素。

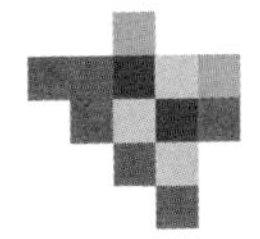

退化假说：病毒是细胞的后代

关于病毒起源的第三种假说是退化假说，它是随着巨型病毒的发现而提出的。2003年，人们发现了拟菌病毒，这种病毒的大小几乎和细胞一样。2013年，人们发现了体型更大的潘多拉病毒，该病毒的2 000多个基因中仅有不到10%的基因是人类已知的，这就表明潘多拉病毒完全脱离了我们对病毒的认识，拥有属于自己的一系列完全独立的基因系谱。随着拟菌病毒和潘多拉病毒这类巨型病毒被发现，使得人们很难用先行假说和逃逸假说来解释病毒的起源。通常病毒寄生在细胞内，但有些巨型病毒不仅比它们寄生的细胞还要大，而且在功能方面也具有细胞的能力。因此，“病毒是由其寄生的生物细胞退化而成”的理论出现了，这就是退化假说。

退化假说认为，病毒可能来自一些非常复杂的古代生命体，这些生命体可能组成了一种共生关系。随着时间的推移，其中一些生命体可能会变得过度依赖另外一些生命体，从而失去其繁殖和代谢所必需的基因，并由此退化成了更为简单的生命体，这就是后来的病毒。直到今天，世界上也存在着与病毒特性非常相似的细菌，比如内共生菌、衣原体和立克次体。内共生菌会感染蚜虫，这种细菌丢弃了超过70%的遗传物质；衣原体是一种不能自我繁殖的细菌，与病毒相似，它的繁殖需要依靠宿主细胞；立克次体的复制周期与逆转录病毒非常相似，它可以感染健康的细胞，将自己的基因与其宿主交换，然后转移到宿主细胞中。但是，由于病毒和细胞在结构上有差异，这些例子还不足以证明病毒就是由细胞退化而形成的。

以上就是人们对于病毒起源所提出的3种假说，然而其中每种假说都存在着一定的局限性，都不能完美地解释病毒的起源。由于病毒实在过于微小，无法留下化石证据，使得我们对其起源的推断更多地来自对病毒

图3-4　退化假说

与宿主之间的DNA序列的研究和比较。也许病毒的起源远比这3种假说都更加复杂，甚至未必有着唯一的途径；也许是3种演化方式共同演变出了今天的病毒。在数十亿年的生命演化中，一切难以想象的偶然和巧合都有可能发生。

第4章
如果感染病毒，
会发生什么？

病毒虽然可以感染宿主，但并不是每种病毒都能感染任意宿主。事实上，每种病毒只能感染特定种类的宿主，病毒这一特征被称为**宿主特异性**。随着病毒的进化，病毒表面的蛋白质会识别并结合宿主细胞表面的受体蛋白，就像钥匙和锁一样，病毒只有匹配的钥匙才能打开宿主细胞这道门，进入宿主细胞。

有些病毒的宿主范围较窄，而有些病毒的宿主范围较广。例如，荨麻疹病毒只能感染人类，而西尼罗河病毒和马脑炎病毒可以感染蚊子、鸟、马和人类等多种生物体。根据病毒宿主的不同，病毒可分为噬菌体（微生物病毒）、植物病毒、动物病毒。

病毒感染宿主细胞后，会发生什么？当然是增殖并产生子代病毒。虽然不同的病毒在宿主细胞内的增殖方式在细节上有差异，但大体上可以分为吸附、侵入、合成、装配、释放五个阶段。

第一阶段是“吸附”，在这一阶段中，病毒表面的吸附蛋白与宿主细胞表面的特异性受体结合。

第二阶段是“侵入”，病毒将自己的遗传物质注入宿主细胞内。

第三阶段是“合成”，病毒利用宿主细胞内的能量和物质合成病毒的核酸和衣壳。

第四阶段是“装配”，新合成的核酸和衣壳装配成子代病毒。

第五阶段是“释放”，子代病毒离开宿主细胞。

从病毒初次吸附宿主细胞开始，到子代病毒从宿主细胞中释放，每种病毒所需的时间不同。噬菌体的复制周期一般是30分钟左右，而有些动物病毒的复制周期可能长达几年的时间。

1. 噬菌体

细菌可以使我们生病，有意思的是，细菌自身也会生病。1915年，英国科学家弗雷德里克·特沃特首次报告了病毒感染细菌的研究结果。虽然特沃特发现了感染细菌的微生物病毒，但由于第一次世界大战爆发，他并没有将研究继续推进。

这种可以侵染细菌并杀死细菌的病毒就是噬菌体。不同种类的噬菌体，其形状和遗传物质有很大不同。噬菌体的衣壳构型有二十面体形、螺旋形或复合型。其中复合型衣壳是噬菌体独有的结构，动物病毒和植物病毒都没有。噬菌体侵染宿主细胞存在两种不同的方式：第一种方式是在宿主细胞内增殖，产生许多子代噬菌体，这种方式称为溶菌性；第二种方式是将基因组整合于宿主的染色体中，潜伏在宿主细胞内部，这种方式称为溶原性。

溶菌性噬菌体

溶菌性噬菌体像大部分病毒一样，与宿主细胞结合后，将遗传物质注入宿主细胞中。当在宿主细胞中完成复制后，噬菌体会裂解宿主细胞释放子代噬菌体，并寻找新的宿主细胞。在这个过程中，噬菌体完成复制后最终裂解宿主细胞，这种复制方式就是溶菌性方式，通过溶菌性方式增殖的噬菌体被称为烈性噬菌体（也叫毒性噬菌体），其中，T4噬菌体是典型代表。如图4-1所示，T4噬菌体的复制经历了吸附、侵入、合成、装配、释放五个阶段。

噬菌体和细菌种类的不同，噬菌体吸附和侵入细菌的方式也存在的差别。一般情况下，噬菌体尾部的吸附蛋白与细菌表面的特异性受体结合后，噬菌体采用注射的方式将核酸注入细菌细胞内。一旦噬菌体的遗传物质进入宿主细胞内，宿主细胞就像一个按照噬菌体的命令行动的机器人，将细胞内的物质和能量用来合成噬菌体的遗传物质和蛋白质。当噬菌体的遗传物质和

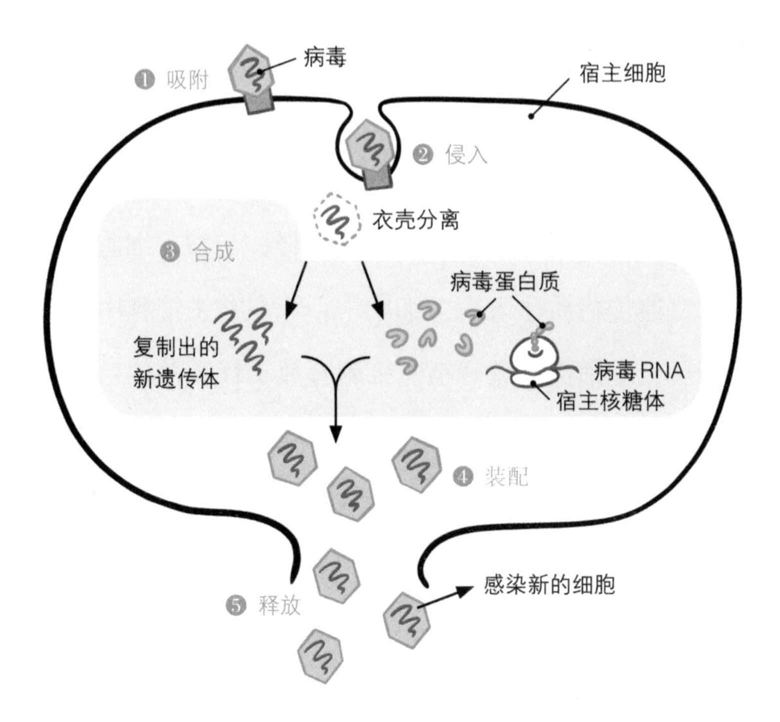

图4-1　溶菌性噬菌体侵染细菌的过程

衣壳合成后，会迅速在细菌细胞内装配成新的子代噬菌体。

T4噬菌体的这种复制方式最终结果是裂解宿主细胞，并释放出数百或数千的子代噬菌体。在噬菌体侵染的后期，当子代噬菌体达到一定数量时，噬菌体会合成一种裂解酶，破坏宿主细胞的细胞膜和细胞壁，这样细胞外的水分子就可以不受控制地进入细胞，细胞就像气球一样膨胀，然后发生裂解，最终死亡。在噬菌体侵染细菌的过程中，细菌的代谢等方面都可能会发生一些改变，这些改变是宿主细胞被病毒侵染过程中受到损伤导致的。裂解后的宿主细胞释放出数百个子代噬菌体，这些子代噬菌体会再次寻找机会侵染其他细胞。一旦噬菌体这种溶菌性侵染不受控制地发展，它就会像野火一样迅速在整个菌群中蔓延，因此发酵工业中通常要注意避免发生噬菌体污染等发酵异常情况。

矛和盾

如果噬菌体采用溶菌性复制的方式，可以在短短的几个小时内完全杀死某一种特定的菌群。但是我们发现，自然界中并没有发生这种情况。原来，细菌也有应对噬菌体的防御措施。

第一，细菌可以通过突变，将细胞膜表面的受体进化成噬菌体无法识别的受体。噬菌体就像带着一把可以打开细菌大门的钥匙，但如果把锁换掉的话，这把钥匙就没有任何用处了。

第二，噬菌体侵入细菌后，细菌会将噬菌体的DNA识别为外部遗传物质，细菌内部分泌的限制性酶会水解噬菌体的遗传物质。

但是，既然细菌可以选择进化出噬菌体无法识别的突变受体或有效地限制酶活性，同样，噬菌体也可以进化出与突变受体相匹配的突变噬菌体或不受限制酶影响的突变噬菌体。也就是说，寄生体和宿主的关系是不断进化的竞争关系。

第三，一部分噬菌体侵染时没有使宿主细胞裂解，而是选择了与宿主细胞共存的方式，也就是后面要说的溶原性方式。这种方式可以让噬菌体在不杀死宿主细胞的情况下进行增殖。虽然部分噬菌体主要使用溶菌性方式进行增殖，但实际上也有很多噬菌体会根据时机，在溶菌性和溶原性方式之间来回切换，这种噬菌体被称为温和噬菌体。

溶原性噬菌体

与破坏宿主细胞的溶菌性复制方式不同，溶原性噬菌体的复制方式是将基因组整合在宿主的染色体中，其基因随宿主的遗传物质的复制而复制，并随宿主细胞的分裂而分配至子细菌的基因组中，在此过程中宿主细菌则可正常繁殖。因此，通过这种方式，噬菌体可以在不破坏宿主细胞的状态下，复制自己的遗传物质。

溶原性噬菌体的吸附和侵入阶段和溶菌性噬菌体相似，吸附在细菌表面后，噬菌体将自己的遗传物质注入细菌细胞内。接着，根据环境条件，噬菌体可以选择溶菌性和溶原性两种方式中的一种。如果选择溶菌性方式，噬菌体会将细菌细胞转化为噬菌体的生产工厂，最终裂解细菌细胞，释放出子代噬菌体。但是，如果选择溶原性方式，噬菌体就会将自己的遗传物质整合到细菌细胞染色体的特定位置，整合进细菌细胞染色体上的噬菌体DNA被称为“原噬菌体”，这时宿主被称为“溶源菌”。

例如，被噬菌体侵染的大肠杆菌进行细胞分裂时，它会同时复制噬菌体的遗传物质，并将噬菌体的遗传物质分配给子代大肠杆菌。随着大肠杆菌的分裂增殖，很快就能形成巨大的携带原噬菌体的大肠杆菌菌群。这

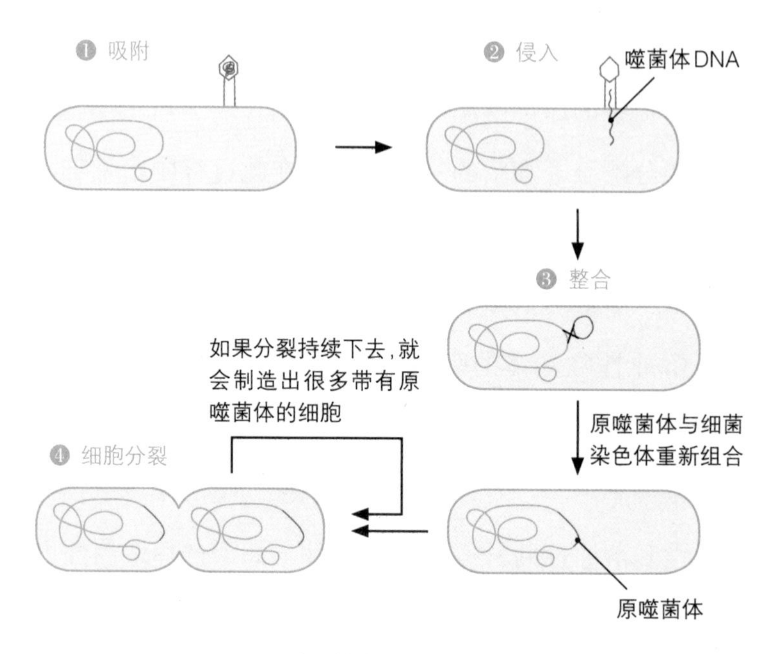

图4-2　溶原性噬菌体侵染细菌的过程

样，即使不能迅速地产生大量的子代噬菌体，噬菌体也能将遗传物质快速地整合到更多的大肠杆菌中。通过这种方法，噬菌体可以在不破坏宿主细胞的情况下进行增殖和扩散。

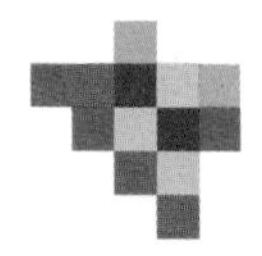

溶菌性和溶原性的选择

大家一定会感到好奇，当噬菌体侵染细菌时，它是如何选择溶菌性方式和溶原性方式呢？其中一个重要的条件就是环境中的噬菌体数量，噬菌体的数量越多，以溶原性方式侵染细菌的可能性就更大。

在溶原性方式中，噬菌体的DNA会合成抑制病毒转录和翻译的酶，从而不会对宿主细胞造成损伤。如果噬菌体的基因被转录和翻译的基因表达出来，宿主细胞可能发生改变甚至病变，这种现象在医学上具有重要意义。例如，白喉杆菌只有感染了特定的噬菌体后，才会产生白喉毒素，使被感染机体发生病变。其他细菌如肉毒杆菌（繁殖过程中分泌出剧毒物质肉毒毒素）、A组溶血性链球菌（引发猩红热）等能对人类产生威胁，也是类似的原理。

原噬菌体具有破坏宿主细胞并进行自我复制的潜力。人们通过实验发现，如果受到特定的化学物质或高能射线的影响，在DNA受到损伤或细胞营养不足的状态下，隐藏在细菌遗传物质内的原噬菌体可能会“脱落”，溶原性噬菌体开始转化为溶菌性的方式进行复制。此外，某些原噬菌体，即使没有受到外部的刺激，也可能会自动地转变为溶菌性的方式进行复制。由此可见，溶菌性的复制方式比溶原性的复制方式更稳定。无论是溶原性还是溶菌性，都也只是噬菌体想要实现增殖的一种方法而已。

2. 植物病毒

植物如果感染了病毒，植物的花、叶、果实、根部等都可能会发生损伤，比如有的植物感染了病毒后果实的颜色会发生变化，叶片表面会出现褐色斑点等，这些症状都可能会影响植物的正常的生长，导致作物的减产。植物病毒的基本结构和生活方式与动物病毒相似。绝大多数植物病毒的遗传物质是RNA，少数是DNA。植物病毒的形状多种多样，有球状、杆状等。几乎所有的植物，都至少感染了一种病毒。

植物病毒通常是根据其感染的植物种类和感染的症状来命名的，就像第1章中所提到的烟草花叶病毒，它可以感染烟草叶片，使烟草叶片表面长出斑点，降低烟草的产量。

植物病毒的传播

植物的病毒的传播途径有两种，即水平传播和垂直传播。

水平传播是指植物体被来自外部的病毒所感染。当植物体受到外部损伤时（如修剪、划伤等），植物体的外保护层细胞壁会被破坏，这就给了植物病毒“可乘之机”。特别是当蚜虫等昆虫咬食了患病的植物后，会将病毒转移到其他健康的植物上；以植物根部为食物的根结线虫等寄生虫，也能传播病毒。这些昆虫、寄生虫等很容易成为传播病毒的“中间商”，防治起来比较困难。此外，人们在处理感染病毒的植株时使用的农具，也可能会成为传播病毒的媒介，使得健康的植物被感染。

在垂直传播中，病毒是从“亲代”那里遗传的。这种类型的传播发生在无性和有性生殖中。在无性繁殖中，新植物的病毒是从亲本植物的根、茎、叶等营养器官中“继承”来的。在有性生殖中，新植物的病毒是通过花粉、种子等带来的。

病毒一旦进入植物细胞，就会开始增殖。在植物体内部，病毒可以借助植物细胞间的联络通道——胞间连丝进行传播；如果病毒太大，不能通过胞间连丝，病毒可能会分泌某些特殊的蛋白，增加胞间连丝的通透性，帮助病毒通过。

植物病毒造成的损失和应对方法

病毒最初是在烟草叶中被发现的，在植物界，由病毒引发的疾病非常常见。植物病毒每年都给世界上的谷物、蔬菜、水果等带来了巨大的损失。

小麦线条花叶病毒是一种危害小麦的植物病毒。这种病毒的遗传物质通过一种叫作郁金香瘤螨的小昆虫进入小麦的叶片细胞中，叶片细胞被病毒感染后，叶子表面会出现黄色条纹，其进行光合作用的组织就会遭到破坏，小麦的产量会因此减少。至今，科学家们还没有研发出可以有效防治植物病毒性病变的方法；取而代之的是，他们正在努力改良植物品种，通过研发抗病毒的农作物来防止病毒扩散。

3. 动物病毒

动物病毒有很多种，其中就包含能使人类感染的动物病毒。当我们被病毒感染时，身体内部会出现什么情况呢？动物病毒的侵染方式与溶菌性噬菌体侵染细菌的方式有很多相似之处，都可以分为五个阶段，但相比之下还是略有差异。

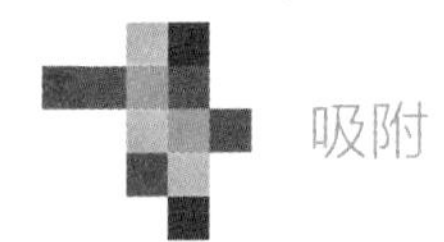

吸附

动物病毒复制的第一步是吸附在宿主细胞的表面。大多数动物病毒的衣壳外面有一层包膜，包膜表面有刺突。刺突可以识别并帮助病毒内吞侵入宿主细胞。

只有病毒的刺突和细胞膜表面的受体分子相互结合，病毒才能识别并侵入宿主细胞。因此，一种病毒只会感染特定种类的细胞，病毒只能吸附和侵染能让它增殖的细胞。例如，人类免疫缺陷病毒的受体只存在于辅助T淋巴细胞中，所以这种病毒可以感染辅助T淋巴细胞，不能感染皮肤细胞、肌肉细胞等其他人体细胞。

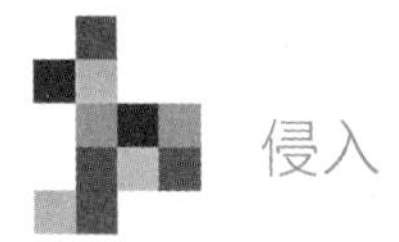

侵入

动物病毒侵入宿主细胞内部的方式与噬菌体侵入细菌细胞的方式有所不同。在具有包膜的病毒中，病毒的包膜会与宿主细胞的细胞膜融合。这时，病毒就会假装自己是细胞所需的物质，让细胞吞噬自己，这一过程被称作胞吞。通过胞吞，病毒将自己的遗传物质送入宿主细胞内。然而，噬菌体并没有经历这样复杂的过程，它是直接通过强大的压力将自己的遗传物质注入细菌细胞内。

复制

在这一阶段，动物病毒在宿主细胞内进行遗传物质的复制和基因的表达，再利用宿主细胞内的物质合成病毒所需的蛋白质。只有当宿主细胞内不存在病毒所需的酶（如RNA聚合酶）时，病毒才会发出合成相应酶的指示。

由于病毒种类的不同，病毒的蛋白质衣壳也多种多样。所有病毒都可以发出合成蛋白质衣壳的指示。具有包膜的病毒，还会合成出区分于宿主细胞细胞膜的蛋白质。这个时候，宿主细胞会启动相应的免疫防御机制，抵制病毒的复制和表达，病毒为了应对这种状况通常会使自己的遗传物质发生突变，这种突变会使病毒进化。

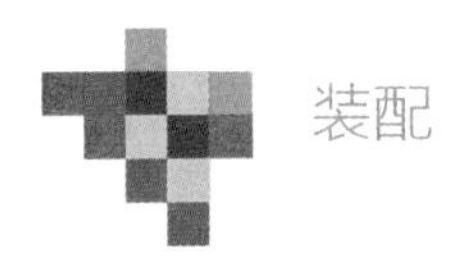

装配

在这一阶段，病毒复制的遗传物质和新合成的病毒蛋白质进行装配形成子代病毒。大多数病毒会在病毒遗传物质复制完成后组装衣壳，而另一些病毒会选择先组装衣壳，然后将遗传物质放入其中。

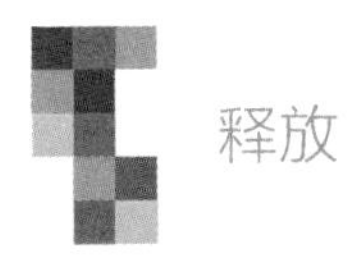

释放

在释放阶段，子代病毒将从宿主细胞中释放出来，从而侵染其他细胞。不同的病毒会通过不同的形式和途径离开细胞，无包膜的病毒会通过裂解宿主细胞进行释放，这就类似溶菌性噬菌体；有包膜的病毒通过出芽的形式进行释放，并获取宿主细胞细胞膜的一部分作为包膜。

自然界中也有可能存在着一些病毒，它们的“外壳”不仅仅有来自细胞膜的包膜。例如，引起人类口腔或生殖器疱疹的疱疹病毒，它拥有三层“外衣”——包

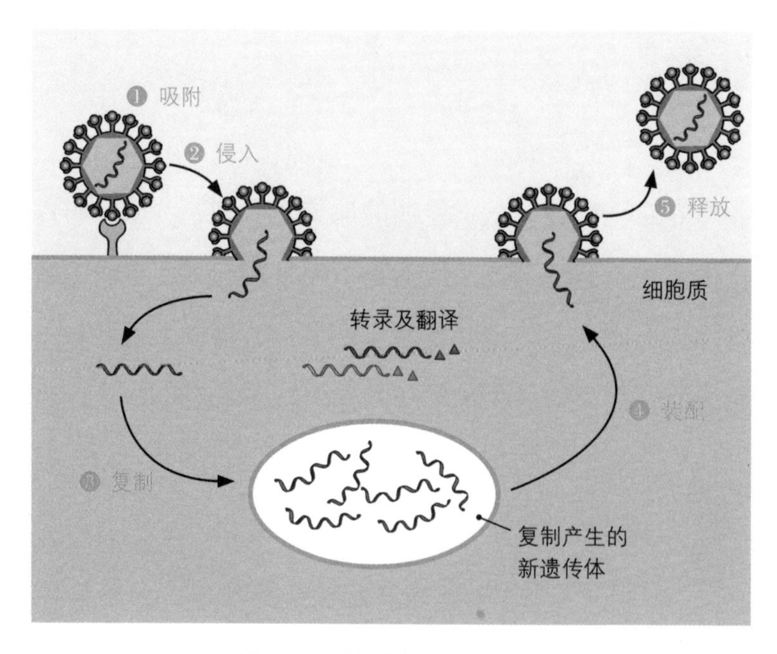

图4-3　动物病毒复制的方法

膜、蛋白质中间层、核衣壳，这三层“外衣”紧紧包裹着疱疹病毒的遗传物质。疱疹病毒为了形成如此特殊的结构，花费了不少“力气”，在宿主细胞内足足经历了两次出芽和膜融合过程。一开始，疱疹病毒的遗传物质进入宿主细胞核内后，利用宿主细胞的能量和物质在细胞核中组装并合成完整的核衣壳，然后与核膜融合，以出芽的方式进入细胞质；接着，在细胞质中的疱疹病毒将核膜脱落，再包裹新的蛋白质外壳，形成了特殊的第二层“外衣”——蛋白质中间层；最后，组装成熟的疱疹病毒再以出芽的形式与细胞膜融合运输到细胞外。对于宿主来说，疱疹病毒仿佛是一枚隐藏的“地雷”。一旦感染过疱疹病毒，它的遗传物质会以微小的形态留在宿主的神经细胞的细胞核内。也就是说，疱疹病毒的遗传物质在宿主细胞中“潜伏”，当受到某些应激作用时，比如宿主免疫力下降或遇到其他触发因素，疱疹病毒的合成会再次变得活跃，对于宿主来说，疱疹症状终生都可能反复出现。

人类免疫缺陷病毒、疱疹病毒都是具有包膜的病毒，它们会利用宿主细胞的胞吐作用以出芽的形式离开宿主，但它们释放子代病毒的同时也导致了宿主细胞的死亡。与此不同的是，有的病毒在释放子代病毒时会完整地保留宿主细胞，这种溶原性是由宿主的基因特性决定的。

第5章
病毒带给我们的
只有危害吗?

当我们出现发烧、头痛、流鼻涕等感冒症状的时候，很可能是因为感染了病毒。感染的病毒种类的不同，我们身体产生的症状也会有很大的差异。这时出现的各种症状，与其说是病毒引起的，不如说是我们的身体为了阻止病毒入侵而激活免疫反应引起的症状。有些症状只会让我们难受几天，而有些则会困扰我们一生；有些症状可能只会给我们带来一点不适感然后就会迅速消失，但有些症状也会引发危及生命的并发症。感染病毒会引发像感冒一样的暂时性疾病，也会诱发像癌症这样的严重疾病。我们的身体要如何对抗这些病毒呢？病毒对身体总是产生危害吗？读完这一章的内容，你会发现，我们所害怕的病毒有时也是有用处的。

1. 病毒使我们痛苦

病毒与多种人类的疾病有关，一种病毒通常只能针对特定种类的细胞进行攻击。例如，引发感冒的病毒攻击呼吸道的黏膜细胞，狂犬病病毒攻击神经细胞。

有些疱疹病毒会引发口腔水泡，而另一些疱疹病毒会引发生殖器官或生殖器官周围的水泡。疱疹病毒在体内潜伏时，如果受到压力，就会形成感染性水泡。人类免疫缺陷病毒会破坏人体免疫系统，使人们患上获得性免疫缺陷综合征。人类免疫缺陷病毒的主要攻击目标是辅助T淋巴细胞。在免疫过程中，辅助T淋巴细胞可以释放出能刺激其他免疫细胞参与免疫应答的因子。一旦被人类免疫缺陷病毒入侵，我们的免疫系统将会遭到破坏，从而易于被其他病毒感染。此外，病毒还可能会诱发肝癌、宫颈癌等癌症。

通过食物传播的部分疾病，也可能是由病毒诱发的。例如，甲型肝炎通常是人们在处理食物时疏于洗手而引发的。大多数甲型肝炎病毒感染者会出现类似于流感的症状。虽然也可能会出现一些并发症，但大部分患者通常会在几个月之内康复。

表5-1 甲型、乙型、丙型肝炎的比较

分类	甲型肝炎	乙型肝炎	丙型肝炎
症状	急性肝炎	急性肝炎、慢性肝炎	急性肝炎、慢性肝炎
并发症	黄疸型肝炎	肝硬化、肝癌	肝硬化、肝癌
有无疫苗	有	有	无
有无针对性药物	无	有	无

还有一些病毒可能会引发长期的慢性疾病，如人类疱疹病毒6型和7型。多数人在感染人类疱疹病毒6型和7型后，身上不会出现特别的症状，病毒只会在体内增殖病毒粒子，这种情况被称为**无症状感染**。

人体在感染病毒后，一般会出现一些急性症状，这些症状会在短时间内表现得非常明显。然后，多数情况下，身体会通过免疫系统击退病毒。这样的例子，有普通感冒、流行性感冒等。

2. 病毒与癌症

癌症的发病原因有很多种，其中只有一部分癌症与病毒有直接关系。据科学家们推测，癌症在很大程度上与我们的饮食有关。我们生存的环境中存在着许多有害的化学物质，这些化学物质会影响人体正常细胞的生长、分化甚至会引起基因突变，从而导致癌症。研究发现，有些病毒的遗传物质会控制细胞分裂信号，诱导宿主细胞不受控制地分裂，引发癌症。

1908年，丹麦生物学家维赫尔姆·埃勒曼（Vilhelm Ellermann）和奥勒夫·班格（Oluf Bang）将患有白血病的鸡的血液和器官浸出液注入健康的鸡体内，使得健康的鸡患上了白血病。这是人类历史上首次证明癌症可由病毒引起。接着，1911年，美国的病毒学家佩顿·劳斯（Peyton Rous）发表了一份报告，提出"是病毒导致了癌症"的观点。此后，人类在许多物种中都发现了因病毒引发的癌症。

引发人类癌症的病毒

到目前为止，已知的能够引发人类癌症的病毒一共有8种。

逆转录病毒是诱发动物肿瘤的重要病毒。但直到1980年，美国病毒学家罗伯特·加洛（Robert Gallo）才首次发现，一种可以侵染白细胞和T淋巴细胞的病毒，可能会引发人类白血病。目前为止，人们发现至少有两种逆转录病毒与癌症有关。其中一种叫作人类嗜T细胞病毒1型（HTLV-1），会引发成人的T细胞白血病；而另一种是人类嗜T细胞病毒2型（HTLV-2），会引发淋巴瘤。这两种病毒的遗传物质在侵入宿主细胞中时会合成一种蛋白质因子，它可以激活细胞的调节基因的活性，从而导致癌症。未来，人们可能还会发现其他由逆转录病毒引起的癌症。

从表5-2中我们可以看出，乙型肝炎病毒、丙型肝炎病毒、人类疱疹病毒4型、人类疱疹病毒8型等DNA病毒，是引发人类相关癌症的主要原因。这些DNA病

表5-2 引发人类癌症的病毒

病毒名称	核酸类型	相关的癌症	主要感染途径
人类嗜T细胞病毒1型（HTLV-1）、人类嗜T细胞病毒2型（HTLV-2）	RNA	T细胞白血病、淋巴瘤	体液、哺乳
乙型肝炎病毒（HBV）	DNA	肝癌	血液、分娩
丙型肝炎病毒（HCV）	DNA	肝癌	血液、体液
人类疱疹病毒4型（EBV）	DNA	淋巴瘤、喉头癌	唾液
人类疱疹病毒8型（HHV-8）	DNA	卡波西氏肉瘤	输血、性接触
人乳头状瘤病毒（HPV）	DNA	肛门、性器官癌	性接触
默克尔细胞多瘤病毒（MCV）	DNA	默克尔细胞癌	紫外线辐射

毒破坏宿主细胞的方法有两种，一种是通过溶菌性方式使宿主细胞死亡，另一种是在不杀死宿主细胞的情况下让宿主细胞发生病变。

DNA病毒引发的癌症，是病毒遗传物质部分或整体插入宿主染色体中的结果。病毒遗传物质整合到宿主基因后，癌症基因得以表达，使得宿主细胞无法控制自身的生长分化。大部分的癌症基因，都是由参与细胞生长调控的正常细胞基因变异而来的。细胞的这种非正常的生长分化，与噬菌体潜伏在细菌细胞内部时我们所观察到的溶原性方式相似。在这两种情况下，病毒基因会融合到宿主细胞基因中，引发了宿主细胞行为、功能和结构的改变。

输血或母子垂直感染

乙型肝炎是一种全球性的疾病，特别是在亚洲和非洲，已累计有数百万人感染了乙型肝炎病毒。当人体输入携带乙型肝炎病毒的血液，或患有乙型肝炎的母亲生育新生儿时等，都有可能造成感染。这种病毒感染可能会持续很长时间，引发的症状也可能会多次出现。研究发现，乙型肝炎病毒可能与肝癌的发生有关，但是，其本身并不会直接引发癌症。只有当被感染的细胞的某种基因发生突变，才有可能发展为肝癌。

肝癌的发生频率在亚洲、非洲和拉丁美洲的一些

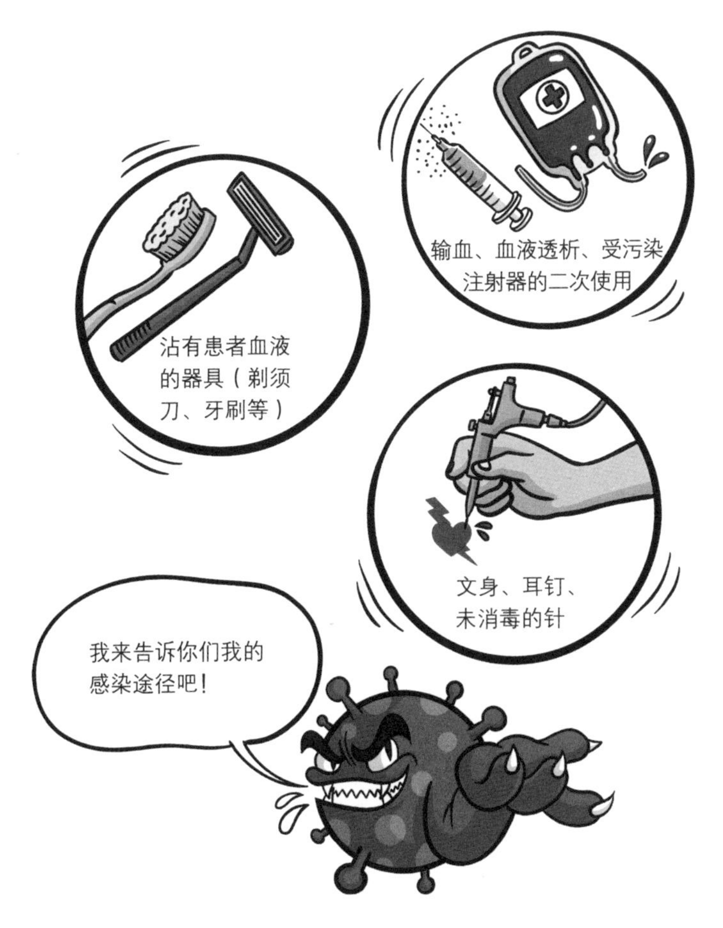

图5-1　病毒通过血液感染的途径

发展中国家特别高。很多肝癌患者也同时患上了因病毒感染而引起的乙型肝炎。即使患者从急性肝炎中恢复过来，身体里还可能携带有相应的肝炎病毒。病毒携带者患上肝癌的风险，要比普通人高出大约100倍。特别是在亚洲，丙型肝炎病毒与肝癌有很大的关系。丙型肝炎病毒会引起肝硬化，随后就可能会发展成肝癌。从全世界来看，约80%的肝癌与病毒感染有关。

通过唾液交换感染

人类疱疹病毒4型是一种疱疹病毒，也是被研究得最多的人类病毒之一。它可以侵染免疫系统中的B细胞，超过80%的人都携带有这种病毒。人类疱疹病毒4型可以通过唾液传播，人们如果首次感染该病毒，则会出现单细胞综合征，表现出发热、淋巴结肿大、咽痛等症状。该病毒会长时间潜伏在B细胞中，通常情况下，感染这种病毒的人们大部分会出现轻微的症状，但是对于免疫力低下的人来说，人类疱疹病毒4型可能会引发癌症。在非洲赤道地区流行的伯基特淋巴瘤就与这种病毒有关。研究发现，疟疾患者的伯基特淋巴瘤的发病率较高，而相比于非洲地区，发达国家的伯基特淋巴瘤的发病率就要低很多。因此，我们可以看出，环境因素对于病毒的传播有很大影响。人类疱疹病毒4型虽然携带有癌症基因，但仅仅是感染病毒并不能导致细胞癌变；但是，如果同时感染如疟疾等其他疾病的话，就可能导致细胞脱离控制，进行无序分裂。此外，这种病毒还会引发喉癌。

通过性接触感染

在人乳头状瘤病毒和疱疹病毒中，病毒DNA通常以环状质粒的形态存在于细胞中，不会引发细胞癌变。但一旦病毒DNA整合到宿主的遗传物质中，在这种情况下，就可能会引发癌症。

在北美和欧洲，由人乳头状瘤病毒诱发的代表性癌症是宫颈癌。由该病毒引起的性器官和肛门周围的赘疣，经常会发展成肿瘤。宫颈癌等生殖器官的癌症，与性接触有关。据统计，初次性经历年龄越小的女性和性伴侣越多的女性，其宫颈癌的发生率越高。

从目前的研究结果来看，无节制的性接触会成为人乳头瘤病毒传播的重要因素。超过80%的人乳头状瘤病毒会导致生殖器和肛门癌症。

人类疱疹病毒8型，是一种引发卡波西氏肉瘤的病毒。卡波西氏肉瘤虽然是一种恶性肿瘤，但它生长缓慢，也不致命，而且几乎很少会发生在健康人群中。它的主要患病人群是获得性免疫缺陷综合征患者或正在接受免疫抑制治疗的患者。目前，人们还不清楚该病毒引发细胞癌变的机制。

值得一提的是，在所有的由病毒引发的癌症中，病毒不会杀死宿主细胞，只是会改变细胞的生长特性，使其不受控制地增殖。

3. 如何战胜由病毒引发的疾病

病毒侵染细胞后，会通过多种途径让我们的身体产生症状。特定的病毒感染能造成多大的损伤，与被感染细胞的分裂和再生能力有关。人们感冒后很容易恢复，这是因为引发感冒的病毒感染的呼吸道上皮细胞具有较强的恢复能力。而脊髓灰质炎病毒感染的是成熟的神经细胞，如果被感染，则会对细胞造成永久性损伤，这是因为神经细胞是高度分化的细胞，不会再分裂，受损的细胞没办法被新生的细胞取代。

感染病毒后，我们的身体出现的发烧、疼痛等各种暂时性症状，与其说是病毒造成的细胞损伤导致的，不如说是我们身体的免疫系统在对抗病毒感染时产生的。

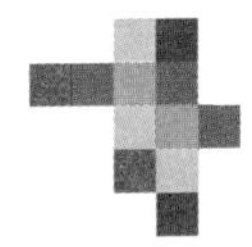

疫苗研发与接种

在医学上，接种疫苗被认为是预防病毒感染的重要方法。疫苗是一种将病原微生物经过人工处理，保留其刺激人体免疫系统特性的无害的预防疾病的制剂。疫苗中的病原微生物虽然具有与有害病原体相似的结构，但其本身没有致病力。

接种疫苗，是我们对抗多种病毒性疾病的有效方法。免疫系统是我们身体能够抵抗外部伤害的系统之一，疫苗可以训练人体的免疫系统，使其识别并抵抗病毒，从而不让人体生病。有些疫苗在接种几年后，产生的免疫力还会持续有效；但有些疫苗产生的免疫力持续时间并不长，需要每年接种，如流感疫苗。这是因为流感病毒容易发生突变，所以去年的疫苗可能对今年流行的病毒没有效果。

天花对人类来说曾经是非常致命的传染病，但由于世界卫生组织主导的疫苗接种运动，天花现在已经消失了。因为天花病毒的宿主范围非常小，疫苗接种的预防方法才会大获成功。通过类似的全球性疫苗接种运动，脊髓灰质炎也几乎被消灭，麻疹、流行性腮腺炎等其他严重的病毒性疾病也通过婴儿时期的疫苗接种而大大减少。迄今为止，人们还研发出了可以预防风疹、乙型肝炎等病毒性疾病的有效疫苗。

抗生素和抗病毒药物

虽然接种疫苗可以预防特定病毒引发的疾病，但因为病毒与宿主细胞的代谢密切相关，大部分的细胞一旦感染病毒，就可能引发相应的疾病，在这种情况下，治疗的方法就非常有限。抗生素能治疗细菌性疾病，但对病毒性疾病没有什么帮助。这是因为抗生素可以通过抑制特定细菌中的某种酶来杀死细菌，但对于病毒制造的酶却无法产生影响。

然而病毒制造的一些酶，可能会成为抗病毒药剂的目标。例如，当嘴角起泡时，人们通常会涂抹一种叫“阿昔洛韦”的药物，它可以通过抑制病毒的聚合酶合成病毒DNA的过程，阻止疱疹病毒的增殖。与此相似的是，治疗获得性免疫缺陷综合征的“齐多夫定”，可以阻止病毒逆转录酶的作用，抑制人类免疫缺陷病毒的RNA合成DNA，从而抑制病毒的增殖。

多数抗病毒药物在杀死病毒的同时，也可能会对宿主细胞造成损伤，因此抗病毒药物的研发难度较大，很多药物仍在研发中。对于大多数的抗病毒药物来说，其原理是破坏或阻断目标病毒复制时所需的酶。然而，遗憾的是，抗病毒药物可能只会在一段时间内起效，这是因为病毒在复制DNA和RNA的过程中，发生突变的概率是非常高的，突变后的病毒很可能产生抗药性。

应对突变的策略——鸡尾酒疗法

在抗病毒药物的作用下，病毒可能会产生突变并进化出具有抗药性的病毒，抗药性病毒能很快增殖并成为病毒的优势群体。以流感为例，世界上存在着多种多样的流感病毒，它们的遗传物质可以迅速突变。因此，即使症状相似，但每次让我们患上流感的病毒可能都不相同。要研发出对所有变异病毒都有效的药物是非常困难的事情。即使一种药物能使99.99%的病毒失效，但剩下的0.01%病毒，就可能产生抗药性并最终存活下来，这些存活的病毒将会继续增殖，成为病毒的优势群体，之前有效的药物因此就会变得毫无用处。

在过去的20多年里，科学家们一直在为研发能够抑制人类免疫缺陷病毒的药品而努力。如果人类免疫缺陷病毒进化到对药品产生抗药性的话，我们要如何阻止这种病毒呢？在现阶段，最有效的方法是同时使用多种药品进行治疗的“高效抗逆转录病毒治疗”，又称“鸡尾酒疗法”。之所以叫“鸡尾酒疗法”，是因为药物的配置方法和配置鸡尾酒的方法很相似：先将多种药物混合，然后用特殊的方法将其混合均匀。这种疗法是通过三种或三种以上的抗病毒药物联合使用来对抗人类免疫缺陷病毒的。该疗法的应用可以减少病毒因单一用药产生的抗药性，最大限度地抑制病毒的复制，使被破坏的机体免疫功能部分甚至全部恢复，从而延缓病情的发展，延长患者生命，提高患者的生活质量。虽然病毒可能会进化为对多药品混合物具有抗药性的病毒，但鸡尾酒疗法可以将抗药性病毒的出现推迟很长一段时间。

4. 病毒也有用处吗？

在分子生物学中，科学家们通常利用病毒可以侵染细胞并将其遗传物质整合到宿主细胞中的特性，将其作为有用的实验工具使用。虽然病毒会给生物体带来疾病，但是通过研究病毒，人类也能获取知识。

噬菌体疗法

虽然有些病毒会引发可怕的疾病，但也有一些病毒可以用于治疗疾病。抗生素最初是在1928年前后被发现的，但直到20世纪40年代，它在细菌性疾病的治疗上还没有得到很好的使用。在抗生素被发现前的第一次世界大战（1914年—1918年）期间，有很多军人在战场上因为细菌性感染而饱受痛苦甚至失去生命。

在人们为解决这些问题而努力的过程中，1917年法国微生物学家德赫雷尔发现了病毒可以攻击细菌的证据。他发现，当患有细菌性痢疾的人从疾病中恢复过来时，细菌附近的噬菌体数量比病发最严重的时候还要多。德赫雷尔想通过实验来证明这一点：他将鸡分为两组，一组注射噬菌体，另一组不注射噬菌体，然后分别让它们接触并感染细菌。结果，被注射噬菌体的鸡没有患上细菌性疾病。

后来，德赫雷尔又从感染患者的粪便中提取出了噬菌体。然后他利用该提取物制成药物，成功地治愈了感染黑死病病菌和霍乱病菌的人。这种用噬菌体来杀灭细菌的治疗方法被称为噬菌体疗法。第一次世界大战结束后，噬菌体疗法在民间被广泛用于治疗皮肤和肠道的细菌感染。

20世纪30年代至40年代，随着抗生素的问世，噬菌体疗法逐渐被抗生素疗法取代。而且，一部分医生对于利用活病毒治疗患者的方法并不十分认同。后来，噬菌体疗法仍在前苏联使用，但在西欧和北美医学界已基本消失。

如今，大部分的细菌性疾病的治疗都是采用抗生素疗法。但是，随着许多细菌逐渐对抗生素产生耐药性，出现了很多抗生素不再有效的情况。在这种情况下，噬菌体疗法就又成为治疗细菌性疾病的重要方案。因为噬菌体疗法可以利用噬菌体只攻击目标细菌的优点，从而避免对我们体内的一些有益细菌造成伤害。因此，噬菌体作为对抗细菌性疾病的武器，变得越来越重要。

噬菌体的另一个优点是，它可以像细菌一样进化。如果细菌进化出对某种噬菌体的抵抗性，生物学家们就可以选择对该病原体具有治疗效果的新噬菌体来使用。就这样，生物学家们正在利用进化的知识，来解决抗药性细菌的问题。

基因治疗

基因治疗是指将外源正常基因导入靶细胞，也就是将外源正常基因通过基因转移技术插入病人的受体细胞中，利用外源基因制造的产物来纠正或补偿缺陷及异常基因引起的疾病，以达到治疗目的的治疗方法。虽然曾经人们对基因治疗抱有很高的期待，但到目前为止，结果却令人失望。因为很多基础生物学和技术上的问题还没有解决，所以这种治疗方法很难成功。

基因治疗随着遗传学、分子生物学、病毒学的发展而成为可能。曾经研究微生物细菌中基因传递的科学家们提出，可以利用病毒将某种特定基因注入人类细胞来治疗某些威胁生命的疾病。因为病毒是最常见的基因治疗导入载体，病毒可以进入特定的组织，利用细胞让导入基因制造蛋白质。如果将特定的、可以治疗疾病的基因整合到病毒的遗传物质内，就可以将该基因注入被病毒感染的所有细胞内。

为了进行成功的基因治疗，首先要研究出有效、完整的能向哺乳动物细胞导入目的基因并完全表达的病毒载体，其次是能将目的基因传送到细胞的靶向位置，并调节目的基因的表达。

过去一段时间，人们对基因治疗抱有很高的期望，但随着有可能使患者死亡或患上癌症等安全问题的出现，基因治疗的临床试验被迫中断。最近，可用于基因编辑的“基因剪刀”技术的发现，让基因编辑和修改的正确性大大提高，并在镰状细胞贫血症、地中海性贫血、血友病等疾病的临床治疗试验中应用，这些新成果的发现让人们对基因治疗产生了新的期待。面对新冠肺炎的大流行，腺病毒被当作载体用于制造疫苗。关于疫苗的知识，我们将在第8章做详细介绍。

第6章
病毒的变异

生物在自然条件下发生变异，适应环境的个体可以生存、发展，不适应环境的个体则会被淘汰，这种适者生存的过程叫作自然选择。病毒的自然选择只有在病毒发生遗传变异时才会发生。发生变异，就意味着病毒的亲代与子代之间、子代的个体之间或多或少地存在着差异。对病毒来说，遗传变异以**基因重组**和**基因突变**两种方式发生。

简单来说，基因重组就是遗传物质之间发生重新组合和交换，基因突变是指病毒复制过程中遗传物质序列结构或数量发生了变化。接下来，就让我们来了解一下病毒变异的这两种方式吧。

1. 病毒的基因重组与基因突变

病毒是遗传物质重组专家

病毒的重组，是在两种病毒同时感染同一细胞情况下发生的。当两种病毒感染同一宿主细胞时，它们的遗传物质就可能发生交换，此时在宿主细胞中还会存在具有新形成的遗传物质的病毒。

病毒的重组可以通过两种不同的方式发生：第一种，病毒的核酸片段相似部位进行部分交换；第二种，具有单一核酸分子基因组的病毒的核酸分子断裂与其他病毒核酸分子序列再连接。

流感病毒可谓是遗传物质重组的专家，如果两种流感病毒同时感染同一细胞，将会在细胞内形成由两种病毒的遗传物质重新组合成的新的遗传物质，从而形成新的病毒。例如，流感病毒通常有8段RNA，当A病毒和B病毒同时侵染细胞，就可能在细胞内发生基因重组，形成携带A病毒的1—4段和B病毒的5—8段遗传物质的新病毒。通过基因重组，一些只存在于其他动物身体中的病毒也可能因此获得感染人类细胞的能力。科学家们估计，这类病毒引起的疾病占人类新型疾病的四分之三左右。

大多数病毒只会感染亲缘关系相近的生物，但也有一部分像流感病毒这样的病毒，会在禽类和人类之间进行传染。历史资料显示，流感开始于数百年前；17世纪时，人类已经开始在靠近生活区域的稻田里饲养鸭子。因此，人们推测，最开始的流感病毒应该是从野鸭等鸟类身上转移到家禽体内，随后传染给了人类。而人类在近生活区域饲养家禽的方式大大提高了禽类病毒传播给人类的可能性。

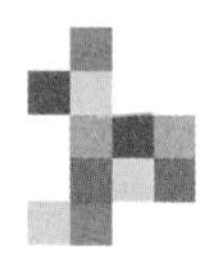

动物病毒与人类病毒混合

动物体内有一些特定的病毒，这些病毒即使不会使动物生病，但也可以在动物间传播。携带这类病毒的动物就成为该病毒的“自然储藏库”。猪作为一种常见的

图6-1　猪流感的产生与传播

家畜，是流感病毒的自然储藏库。人类流感病毒和禽流感病毒都可以识别并感染猪的细胞，原因是猪的呼吸道细胞具有结合这两种流感病毒的受体。也就是说，如果猪同时感染人类流感病毒和禽类流感病毒，就会释放出包含两者遗传物质的新病毒，从而感染人类。

流感难以预防的原因

在流感病毒中，出现人畜共患传染的情况是非常常见的。流感大流行之所以反复发生，是因为病毒从一种宿主传播到另一种宿主时发生了突变。

猪和鸟等特定的动物，如果感染一种以上的流感病毒，病毒的遗传物质就会在它们体内发生重组。这时，不同的RNA分子重组形成了新的病毒遗传物质，然后就会产生可能感染人类细胞的新的病毒。人们因为从未被这种新病毒感染过，所以无法产生有效的免疫性。其结果就是，新型病毒会表现出强大的病原性，也就是病原体感染寄主并引起疾病的能力，所以很容易在人与人之间传播，最终成为严重的流行性疾病。

目前已知的流感病毒有甲型、乙型和丙型3种。其中甲型流感病毒变异最快，传染性最强，很容易引起大范围的流行。在过去的100多年里，甲型流感病毒在世界范围内引发了多次流感大流行。

引发甲型流感的病毒，可以从名称上看出其种类。例如，1918年和2009年引发大流感的甲型流感病毒，被称为甲型H1N1流感病毒。甲型流感病毒根据H和N的不同进行分类，H和N指的是病毒表面的糖蛋白抗原，H代表红细胞凝集素（hemagglutinin），是一种帮助病毒附着在宿主细胞上的蛋白质，已知的有16种；N

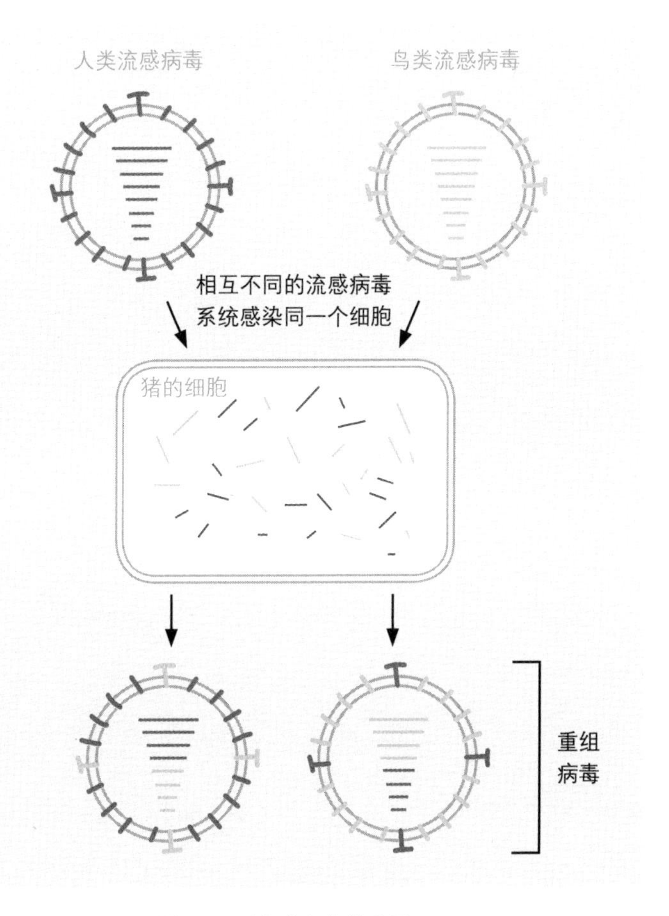

图6-2　流感病毒的变异

代表神经氨酸苷酶（neuraminidase），是一种帮助新病毒从被感染细胞中释放的酶，已知的有6种。从理论上说，甲型流感病毒可以表现出16种的H和9种的N，即144（16×9）种组合。

流感的大流行

不同类型流感病毒会引发不同种类的流感。例如，1918年至1919年世界范围内的流感、1977年主要发生在俄罗斯地区的流感和2009年甲型H1N1流感大流行，其“罪魁祸首”是H1N1型病毒。除此之外，我们比较熟知的还有：H2N2型病毒于1957年引发了主要流行于亚洲地区的流感，H3N2型病毒于1968年造成了香港地区的流感大流行，以及H5N1型病毒在2004年引发的禽流感。

1918至1919年间的流感大流行，造成了约10亿人感染和至少2 500万人死亡（当时的世界总人口也不过17亿左右），其中20至40岁的感染者死亡率较高。为了查明这一次流感为何如此致命，科学家从埋葬在阿拉斯加永久冻土层里的感染者遗体的肺部组织中提取了病毒标本，发现了该病毒是H1N1型病毒。

1977年主要发生在俄罗斯地区的流感，也被证实是由H1N1型病毒引起的，它的主要感染者是青少年。2009

年世界大流行的甲型H1N1流感，也是由H1N1型病毒引起的。从科学家们对其遗传物质的检测结果来看，H1N1型病毒具有人类流感病毒、鸟类流感病毒以及北美和亚洲的猪流感病毒的RNA片段。据推测，这种病毒是长期以来由一系列病毒遗传物质重组后在猪体内生成的，所以在初期被称为“猪流感”。

1957年主要在亚洲地区流行的流感是由H2N2型病毒引起的，造成了全世界至少100万人死亡。在病毒复

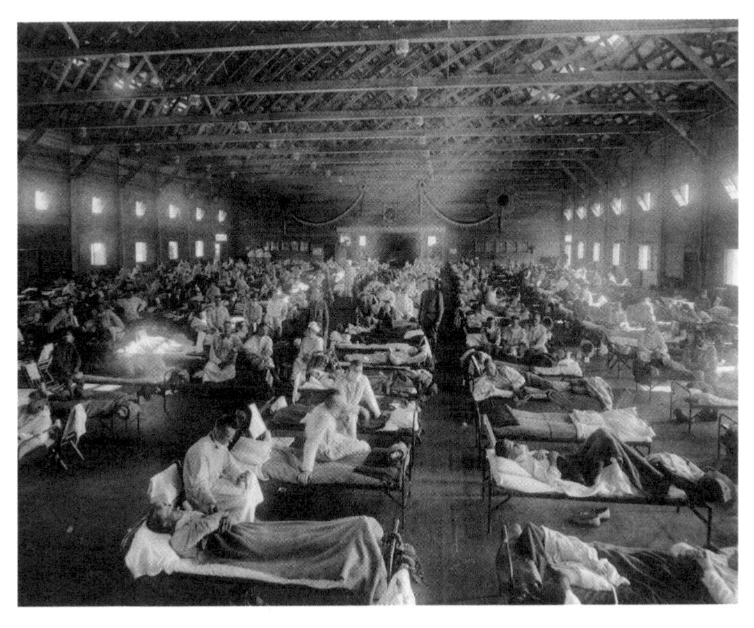

图6-3　1918至1919年间，躺在军队病床上，患有流感的军人

制过程中，H2N2型病毒突变为H3N2型，引起了1968年的流感大流行，又导致了100多万人死亡。

H5N1型病毒，原本被认为只会在鸟类中传播，不会传染给人类，但1997年中国香港却发生了3岁男孩因感染该病毒而最终死亡的事件。为了防止流感大流行，当地政府扑杀了所有的家禽，这一措施虽然有效防止了病毒的进一步扩散，但病毒还是造成了18人感染，6人死亡的悲剧。流行病学家们发出警告，如果新变异出的流感病毒能够轻易将人作为宿主的话，就很可能造成流感大流行。2003年至2004年间，亚洲再次爆发了禽流感，家禽类动物也再次被大规模扑杀。

从长期来看，人类面临的最大的威胁可能是野生鸟类或家禽携带的H5N1型病毒。这种病毒致死率惊人，甚至超过了50%。前面我们提到，1997年中国香港首次出现了H5N1型病毒从鸟类传播到人类的病例。此后，研究结果显示，H5N1型病毒的宿主范围也在扩大，如果各个宿主体内不同的病毒的遗传物质混合在一起并完成重组，出现新的变种病毒的可能性也会逐渐变大。如果H5N1型病毒进化成为可以轻易在人与人之间传播的新病毒，其造成的可怕结果我们难以想象。

新型病毒与其说是新的，不如说是现有的病毒发生突变后，具有了更广泛的宿主范围，可以感染更多的新宿主。此外，宿主的活动或环境的变化也可能造成病毒的传播。例如，连通了道路后，以前被隔离的群体之间可以相互联系从而也就可以传播病毒；人们为了扩大农作物种植的土地面积而破坏森林，携带病毒的野生动物也有了更多和人类接触的机会，病毒变异的可能性也会增加。

2. 为什么病毒性疾病很难阻止?

我们已经知道病毒的重组是如何对病毒的进化产生影响的，那么，病毒变异的另一种方式——突变又会对病毒的进化产生什么影响呢？病毒的突变是指病毒基因组中核酸碱基序列发生变化。病毒的突变是由病毒遗传物质复制时出错造成的，这种变化可以使病毒遗传物质发生永久性的变化。虽然有些病毒的突变率非常高，但并非所有病毒都是如此。一般来说，RNA病毒的突变率较高，DNA病毒的突变率较低。因为在DNA病毒中，双链的遗传结构比较稳定，不容易发生突变，即使出现复制错误也可以被DNA病毒的“校正机制”快速纠正和修复。

有些突变，会使病毒变成某种新的变异体，这种变异体可以感染对该病毒有免疫力的人群。病毒似乎具有比自己的宿主进化得更快的倾向。科学家们在分析流感病毒的变异体中出现的遗传变化时，通常会将其与流感的传播过程联系起来。因此，不仅对于病毒学家们，对于医生、护士、公共卫生专家等所有需要接触病毒的人来说，病毒的进化都是重要的课题。

虽然大部分的突变可以阻碍病毒的增殖，但在特定的条件下，突变也可能会产生对病毒有利的情况。例如，某些突变可以使病毒产生抗药性，特定的药物可以通过阻碍病毒的主要酶的作用，来阻断其增殖。服用特定药物后，患者体内的病毒数量在初期会降低。但是不久之后，对该药物具有抗药性的病毒就会出现，导致抗病毒药物失去效果。为了防止这种情况的发生，人们通常会采用将几种药品的混合使用的治疗方法。

另外，病毒侵染的宿主群体规模越大，病毒的变异就越容易发生。为了阻止病毒的传播，政府可能会采取禁止居民外出活动、保持社交距离等预防措施，同时努力研发新的治疗药物和疫苗。具体内容我们将会在下一章进行更详细的说明。

第7章
新型冠状病毒和
新冠肺炎大流行

新型冠状病毒（2019-nCoV，简称“新冠病毒”）正严重威胁着全世界人民的健康，人们对病毒的重视程度比任何时候都要高。正如“新型”一词所表达出的信息，引发此次全球疫情的冠状病毒是迄今为止人们从未遇到过的新病毒。这种新型冠状病毒，不分地区地在全世界扩散，不分年龄地在男女老少所有人之间扩散，并且这种扩散已持续数年。因为没有人能断言这次的新冠病毒传播会在什么时候终止，所以更让人们感到担忧。我们不禁要问：人类真的能击退病毒吗？或者人类能够预防病毒吗？

在本章中，我们将深入了解冠状病毒，了解目前人类能做到的最好的应对策略。如果说人类无法完全摆脱病毒的影响，那么我们更应该做好预案，将损失降到最低。

1. 什么是新型病毒?

突然出现或者被医学界最新报告的病毒，通常被称为“新型病毒”。广义来说，所有引发新型传染病的病毒，都可以称为新型病毒。首先让我们来看一看历史上著名的新型病毒主要有哪些。

1976年，人们首次在非洲中部地区发现埃博拉病毒，感染者通常会出现高烧、呕吐、大量出血、循环系统障碍等症状；20世纪80年代初，在美国旧金山出现了第一例人类免疫缺陷病毒感染者；2009年，甲型H1N1流感病毒引发的流感在美国大面积暴发，随后蔓延到全球多个国家和地区，导致近20万人死亡……

冠状病毒

引发新冠肺炎的新型冠状病毒，目前正在全球范围内扩散。冠状病毒的名字，来自拉丁语中表示“王冠”或“光环”之意的“corona”一词。冠状病毒中的

“冠”是指病毒包膜表面的刺突形状像王冠一样。由新型冠状病毒引起的肺炎称为新型冠状病毒肺炎，简称“新冠肺炎”。

新冠病毒的直径为60 nm至140 nm不等，体积约为肺炎球菌的百万分之一。新冠病毒的组成结构是比较简单的，最核心的是新冠病毒的遗传物质——单链RNA，然后在外面有一层包膜将RNA包裹住，在包膜的表面有一些刺突。

我们可以明确地说，新冠肺炎不是“大号流感”。首先，新冠肺炎和流感的病原体属于完全不同的病毒类型；其次，相比于流感病毒，新冠病毒的传播力更强、致死率更高。

SARS病毒和MERS病毒

新冠肺炎全球大流行之前，在7种感染人类的冠状病毒（2019-nCoV、HCoV-229E、HCoV-OC43、HCoV-NL63、HCoV-HKU1、SARS-CoV和MERS-CoV）中，已有2种造成了大量患者死亡，它们是SARS病毒（SARS-

CoV，引发重症急性呼吸综合征）和MERS病毒（MERS-CoV，引发中东呼吸综合征）。

2002年12月至2003年7月，全球范围内出现了重症急性呼吸综合征（非典型肺炎），截至目前全球约有8 400例病例，死亡率约为11%；2012年6月，首例中东呼吸综合征患者在沙特阿拉伯出现，目前全球已有多例病例，死亡率约40%。SARS病毒的主要传播方式是

表7-1　重症急性呼吸综合征与中东呼吸综合征的比较

重症急性呼吸综合征		中东呼吸综合征
SARS病毒	病毒名称	MERS病毒
2002年12月	首例病例出现时间	2012年6月
发热、头痛、全身乏力、腹泻等	症状	发热、咳嗽、肌肉酸痛、腹泻、恶心呕吐等
通常为3至5天	潜伏期	2至14天不等
飞沫传播、物理接触	传染途径	物理接触
比MERS病毒高	病毒传染性	比SARS病毒低
8 400左右	目前累计感染人数	1 100人左右
约11%	死亡率	约40%
无	疫苗	无

人传人，与之相比，MERS病毒是由骆驼传染给人类的病毒，所以，这种病毒的感染人数相对较少。

其他冠状病毒

并不是所有的冠状病毒，都像SARS病毒、MERS病毒和新冠病毒一样致命。除上述病毒之外的其他4种普通冠状病毒，通常只会引起普通的感冒症状。在少部分的感冒患者体中，都检测出了冠状病毒，这些冠状病毒的传播力低、引发的症状相对较轻。这些冠状病毒，据推测是在过去100年里从蝙蝠体内传入人类体内的病毒进化产生的。

2. 新型冠状病毒是如何传播的?

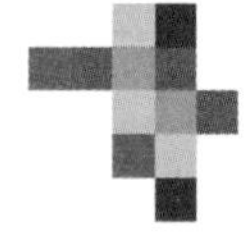

飞沫、接触和气溶胶传播

据世界卫生组织称，新冠病毒感染者通过说话、咳嗽、打喷嚏时产生的呼吸道飞沫在其密切接触者之间传播新冠病毒。虽然新冠病毒能在空气中存活长达几个小时，但大部分病毒的传播是通过与感染者在2米以内的密切接触而发生的。感染者的飞沫通过空气传播，可以附着在他人的嘴和鼻子上，然后被吸入肺部，致使感染。

感染者产生飞沫还可能还会附着在桌子、门窗、把手等物体表面。在特定的环境下，新冠病毒可以在物体表面存活几个小时到几天不等。人的手在接触了被病毒污染的物体后，再直接触碰眼睛、鼻子、嘴的话，病毒就可能会进入体内导致感染。所以，公共卫生专家们建议对人手经常接触的地方进行消毒。

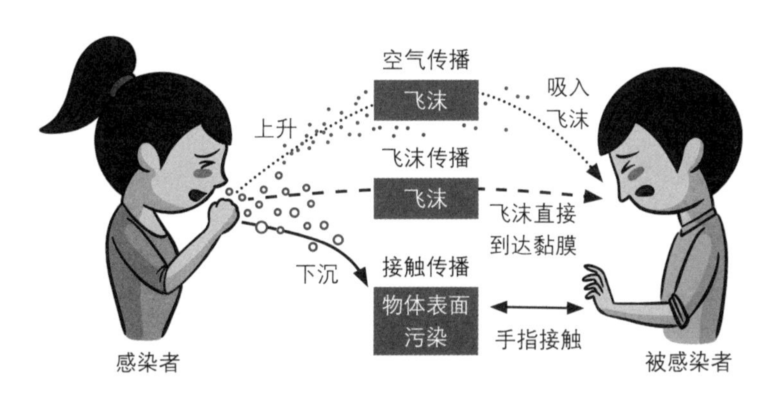

图7-1　新冠病毒的主要传播方式

除了飞沫传播和接触传播之外，新冠病毒还存在气溶胶（一种高浓度的悬浮在空气中的固体或者液体微粒）传播的可能。人们在相对封闭的环境中长时间暴露于气溶胶的情况下，就可能被感染。所以即使与感染者保持2米以上的距离，人们也可能吸入空气中的病毒。

拓展阅读：防疫基本行为准则

坚持勤洗手、戴口罩、常通风、公筷制、“一米线”、咳嗽礼仪、清洁消毒等良好卫生习惯和合理膳食、适量运动等健康生活方式，自觉提高健康素养和自我防护能力；疫情期间减少聚集、聚餐和聚会，配合做好风险排查、核酸检测等防控措施，保持自我健康管理意识，提高身体免疫力，出现可疑症状及时就医。

基本传染数

基本传染数（R0），也叫基本再生数，是流行病学中的一个重要概念，它代表的是平均每位感染者在传染期内使易感者个体致病的数量。简单来说，R0是一个衡量病毒传播能力的参数，即表示在没有外界干扰而且人人都无免疫力的情况下，一个感染者平均会感染几个人的参数。因此，R0数值越大表示病毒的传播能力就越强。

目前已知的几种传染病中，MERS病毒的R0值为0.75；2009年的甲型H1N1流感病毒的R0值为1.5；季节性流感病毒的R0值在0.9至2.1；人体免疫缺陷病毒和SARS病毒的R0值为4；早期传播的新冠病毒原始毒株的R0值约为3.3，德尔塔变异毒株的R0值约为5.1。

但公共卫生专家认为，R0值可能会随着时间的推移而发生变化，而且通过采取限制一定范围内的人类活动等措施可以在一定程度上阻断病毒传播的途径，这一数值就可能会降低。同一病毒在不同地区的基本传染数也会不同。由于这一数值会受到许多外部因素的影响，所以基本传染数并不是病毒的本质特征，只是一个衡量病毒传染性的参数。对于某些传染病，即使其病原体的R0值很高，但如果死亡率很低，人们也无需过分担心。例如，引发结膜炎的病毒的R0值虽然达到了4，但是因

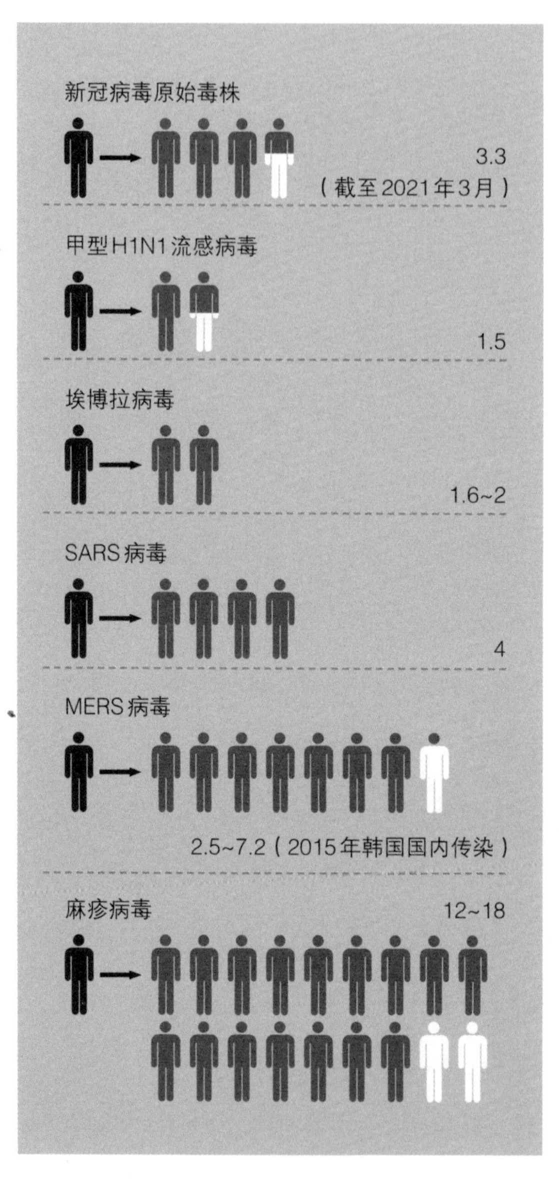

图7-2　部分病毒的基本传染数（R0）

为结膜炎不会危及生命，所以人们也并不在意。

传染病学家们担心，新冠病毒在变异过程中，其R0值可能会不断升高。这种情况下，病毒会传播得更快。即使死亡率低，但传播能力强的新变种会感染更多的人，如果感染者患有基础疾病，很可能会威胁到生命。这种担心最近成了现实，新出现的新冠病毒奥密克戎BA.5变异毒株的R0值可能高达18，传播速度非常快。

如果感染了新冠病毒会怎样

新冠病毒可以感染上呼吸道（鼻、咽、喉）或下呼吸道（气管和各级支气管）。一般来说，虽然上呼吸道感染更容易传播，但病情相对稳定；下呼吸道感染虽然较难传播，但病情更严重。

一旦感染新冠病毒，我们体内的免疫系统就会为抵抗病毒而斗争，引发人体炎症和发热等。相关案例报告显示，新冠病毒感染者中，出现发热、干咳、虚脱、湿咳、呼吸困难等症状的病例最多。此外，少部分人会出现颈部疼痛、头痛和肌肉疼痛的症状。

如果发展成重症，免疫系统会呈现过度反应，开始攻击肺部细胞。这种情况下，患者肺部会充满积液和已经死亡的细胞，呼吸就会变得困难。之后，少数病例会出现急性呼吸不全综合征，甚至病情恶化导致死亡。根据对新冠肺炎死亡者尸检的结果显示，死者的肺部全面受损，大量黏稠的分泌物从肺泡内溢出，支气管被废物和血液分泌物堵塞。

如果感染者身体健康，感染后约80%的人只会出现轻微症状。相关资料显示，2020年初的早期新冠病毒感染者中轻症、重症和危重患者的比例分别是80%、13%和6%左右，死亡病例均是重症和危重病例。新冠肺炎初期症状较轻，很容易被误认为是普通感冒或流感。有些患者甚至不会出现任何症状，所以就可能会在不知情的情况下将病毒传染给其他人。也有一些患者在出现轻症几天后，发展成为重症。

3. 新冠肺炎的世界大流行

世界卫生组织最新数据显示，截至2022年8月，全球累计新冠肺炎确诊病例已超过6亿例。在世界多数国家的普通民众积极与病毒展开抗争的同时，科学家们也开展了对于新冠病毒的溯源工作。

新冠病毒是一种RNA病毒，所以它无法像DNA病毒那样“校正”自己在宿主细胞内复制的过程中产生的“错误”。随着时间的推移，更多的突变会不断出现。根据对病毒基因序列突变的情况进行溯源，科学家们可以推测出，新冠病毒最早是在什么时候产生的，以及最早是在哪里传播的。

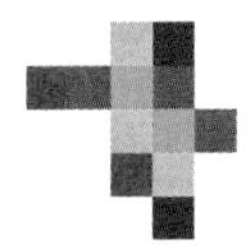

新冠病毒是从哪里来的呢？

通常情况下，一种病毒只会侵染特定的细胞，同一种病毒感染不同物种的情况还是比较少见的。SARS病毒、MERS病毒以及新冠病毒，最初可能都来源于某种野生动物。病毒在野生动物体内发生突变或重组，扩大了其宿主范围。人类由于和这些野生动物近距离接触（饲养、食用等），感染了它们体内的病毒。

2020年1月12日，中国科学家向世界公布了新冠病毒的基因序列。相关报告显示，早期的新冠病毒的基因序列与蝙蝠体内的冠状病毒的基因序列相似度高达96.2%，与穿山甲体内的冠状病毒的基因序列相似度也超过80%。因此，人们推测，早期的新冠病毒可能起源于蝙蝠，蝙蝠体内的病毒是在感染了其他的哺乳动物（如穿山甲）之后，发生突变或重组再传播给人类的。

目前，还没有明确的证据可以证明是哪些物种将新冠病毒传染给了我们，科学家们仍在寻找有关动物宿

图7-4　核酸检测点

主的线索。要想查明正确的传染源，可能还需要一定的时间。

危险的新冠病毒

截至2022年8月，全世界新冠肺炎累计死亡人数已达646.7万，死亡率约为1%。美国是世界上因新冠肺炎死亡人数最多的国家，根据美国疾病控制和预防中心发

布的数据，截至当地时间2022年5月16日，美国因新冠肺炎死亡的病例已经超过100万。从死亡病例的年龄分布来看，74.4%的病例是65岁及以上的老年人。45至64岁年龄段的人群死亡人数也超过21万，占21.4%。此外，小于45岁的青年和儿童死亡人数也超过4万，占4.2%。

患高血压、糖尿病、心血管疾病、慢性呼吸道疾病、癌症等疾病的老年人，由于免疫力下降，容易出现重症或死亡的情况。

新冠病毒检测方法

目前为止，**核酸检测**是确认人体是否感染新冠病毒的主要方法。顾名思义，核酸检测就是检测样本中是否含有病毒的核酸。新冠病毒是一种RNA病毒，病毒中特异性RNA序列是区分该病毒与其他病原体的标志物。最常见的检测新冠病毒特异性RNA序列的方法是荧光定量聚合酶链式反应（PCR）。这种技术可以将原本微量的、无法直接检测到的、特定的病毒核酸序列逆转录成DNA后，再扩增放大到仪器设备可以检测的程度，从而判断被检测的样本中是否含有新冠病毒。

除了核酸检测外，人们还会使用**抗原检测**来判断是否感染了新冠病毒。与核酸检测不同的是，抗原检测检测的是样本中是否含有病毒外层的核衣壳蛋白和刺突蛋白，一般15分钟左右便可得到结果。虽然抗原检测的准确性不及核酸检测，但它为我们提供了更快速的初筛手段，能与核酸检测有效互补。因此，在疫情比较严重的时期，“抗原检测+核酸检测”的组合检测就成为实现“早发现”的强有力手段。

4. 找到新冠肺炎的治疗方法

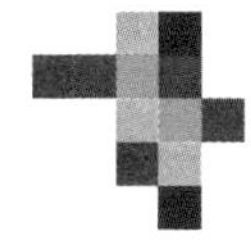

治疗药物的选择

面对突如其来的新冠病毒，我们几乎毫无准备。所以在新冠肺炎疫情初期，医护人员努力在以前得到使用许可的治疗方法和药物中，寻找有可能治疗新冠肺炎的方法。

许多国家会首先使用相关药物进行治疗。通常来说，一些药物除了可以治疗特定疾病外，也可以用于其他症状相似的疾病的治疗，并且经常会取得一定的效果。其中，瑞德西韦因2020年10月美国前总统特朗普感染新冠病毒时使用此药而闻名。虽然该药物得到了美国食品药品监督管理局的批准，但临床试验结果显示，瑞德西韦对新冠肺炎住院患者的治疗几乎没有效果，因此世界卫生组织不推荐使用该药进行新冠肺炎的治疗。

美国也尝试过用洛匹那韦和利托那韦的混合药剂治疗新冠肺炎，这种药剂通常被用于治疗人类免疫缺陷综合征。虽然该混合药剂在实验中可以阻止新冠病毒的复制，但在以患者为对象的临床试验中没能取得理想的效果。

其他治疗方法的探索

大多数人在感染新冠病毒后会表现出强烈的免疫反应，来抵抗病毒的侵染。新冠肺炎暴发初期，一些专家认为，康复者的血浆可能会对新冠肺炎的治疗起到一定作用。虽然后来的事实证明这种方法没有起到预想中的效果，但是在防止患者从轻症转为重症方面效果显著。血清疗法的缺点是对变异病毒引起的症状不会有治疗效果。

干扰素是人和动物的某些细胞受病毒感染或诱导剂作用后分泌的一种物质，能抑制病毒复制。它可以说是我们的身体细胞针对病毒反应而自然生成的物质，能促使免疫系统对入侵者进行攻击。近日，中国某科研机构的研究团队在其发表的一篇原创性论文中证明，在口咽局部给予高浓度干扰素α-2b对于抑制新冠病毒有效。感染最新出现的新冠病毒奥密克戎变异毒株的无症状感染者，在首次核酸检测结果为阳性的3天内口咽局部喷洒干扰素α-2b喷雾剂，可显著缩短新冠病毒核酸检测结果转阴的时间，降低奥密克戎变异毒株传染的可能性。

新冠肺炎暴发初期，大多数国家都未能找到有效的治疗方法，因此出现了许多令人啼笑皆非的事。2020年4月末，在美国甚至发生了人们为治疗新冠肺炎而向身体注射消毒液的事故，因为在此之前，美国前总统特朗普公开发表言论称，直接向身体注射酒精或消毒液等消毒剂，可以有效地预防或治疗新冠肺炎。对此，尽管卫生专家和医疗人员极力地反驳这一说法，但还是有不少人做出了这种荒唐之举。面对疫情，我们更要坚持科学的态度和科学的方法，不信谣、不传谣。这样才能有效应对新冠病毒带来的威胁。

拓展阅读：中国独创的中西医结合模式

疫情发生后，中国国家中医药管理局第一时间选派中医专家赴武汉开展调查和诊疗。专家们针对新冠肺炎总结筛选出了“三药三方”。“三药”即金花清感颗粒、连花清瘟颗粒和胶囊、血必净注射液，这3种药物都是前期经过审批的已经上市的老药；“三方”是指清肺排毒汤、化湿败毒方、宣肺败毒方3个方剂，其中清肺排毒汤是由源自《伤寒论》的5个经典方剂融合组成的。这些治疗方法随后不断被优化以治疗新的病毒变异毒株。中西医结合模式是中国独创的治疗新冠肺炎的方法，这一模式也得到了世界卫生组织的认可。

2022年8月9日，中国国家卫生健康委办公厅、国家中医药管理局办公室发布通知称，将阿兹夫定片纳入《新型冠状病毒肺炎诊疗方案（第九版）》。该药作为我国自主研发的口服小分子新冠肺炎治疗药物，可用于治疗普通型新冠肺炎的成年患者。

第8章
阻止病毒

新冠病毒虽然仍在世界范围内肆虐，但最近随着多种疫苗的研制成功，人们对于战胜新冠病毒信心倍增。目前世界上使用的主流新冠病毒疫苗分为三类：灭活疫苗、腺病毒载体疫苗和重组蛋白疫苗。不同的疫苗都有各自的优点。由于疫苗主要是通过激活我们的免疫系统来帮助我们抵御病毒，所以我们先来了解一下免疫。

1. 免疫是什么?

免疫是指身体对病原体具有抵抗能力而不患某种传染病，通常分为先天性免疫和获得性免疫两种。日常生活中，我们周围有多种病原体，如病毒、细菌、寄生虫等。而我们的身体，有三道防线来抵御这些病原体的攻击。负责最外层防御的是皮肤和黏膜，如果这层防御被病原体突破，人体就会启动第二道防线。第二道防线是体液中的杀菌物质（如溶菌酶）和吞噬细胞（如巨噬细胞和树突状细胞）。通常情况下，这两道防线足以抵抗病原体对人体的侵袭。

如果病原体的攻击继续加强，突破了第一道和第二道防线，免疫器官和免疫细胞构成的第三道防御系统就会启动。多数情况下，如果我们曾患有某些疾病，之后再患上该疾病的概率就会很小，这是因为我们的身体在感染后会产生抵抗这种病原体的记忆细胞。这些记忆细胞能在我们的体内存活几年甚至十几年，如果相同的病原体再次攻击，它们就会苏醒，激活相应的免疫反应来保护我们的身体。

人体会记忆感染过的病原体，当身体再次遇到相同病原体时会表现出及时有效的免疫反应来清除病原体，根据这个原理，人类研发了疫苗。

2. 疫苗是什么？

疫苗通常就是用灭活或减毒的病原体制成的生物制品。接种疫苗后，人体内可产生相应的抗体，从而对特定传染病具有抵抗力。面对突如其来的新冠肺炎，人们开始针对其治疗方法和疫苗进行大量的实验和研究。虽然目前还没有找到可以有效治疗新冠肺炎的方法，但是在疫苗研制方面，科学家们取得了很大的突破。

疫苗的种类

目前常见的新冠病毒疫苗主要分为三类：灭活疫苗、腺病毒载体疫苗和重组蛋白疫苗。

灭活疫苗是指先对病毒进行培养，然后用加热的方法或者是用化学试剂将其灭活，再将灭活后的病毒稀释、加入一些辅助试剂制成的疫苗。灭活疫苗的特点是病毒完全失去致病性，进入人体后不能进行复制。一般情况下，灭活疫苗需要接种2针，2针之间的接种间隔时间至少为3周，但不要超过8周。第2针应在合理的时间范围内尽早完成。

腺病毒载体疫苗是指把病毒的抗原基因插入无毒无害的腺病毒载体中制成的疫苗。以新冠病毒疫苗为例，该疫苗剔除了腺病毒中与复制相关的基因（这样病毒就不会在人体中复制），然后把新冠病毒刺突蛋白（刺突蛋白是新冠病毒入侵人体的关键蛋白）的基因替换进去。重新组装的病毒进入人体后，可以在体内翻译出新冠病毒刺突蛋白，免疫系统发现刺突蛋白后会启动免疫应答，并且保留一部分免疫细胞，就是记忆性的免疫细胞。在新冠病毒真正入侵的时候，记忆性的免疫细胞可以产生大量针对刺突蛋白的抗体，阻断新冠病毒侵入细胞，新冠病毒无法进入人体细胞就无法复制。腺病毒载体疫苗只需要接种1针，适合快速、大面积接种。

重组蛋白疫苗是利用基因重组技术，将病原体外壳蛋白质中能够诱发机体免疫应答的遗传物质定向插入细菌或哺乳动物的细胞中，在一定的诱导条件下，表达出大量的抗原蛋白，通过纯化后制备的疫苗。重组蛋白疫苗一般需要接种3针，相邻2针之间的接种间隔至少为4周，第2针尽量在接种第1针后的8周内完成，第3针尽量在接种第1针后6个月内完成。

除上述3种疫苗之外，核酸疫苗也是疫苗的主要类型。以新冠病毒核酸疫苗为例，核酸疫苗就是把新冠病

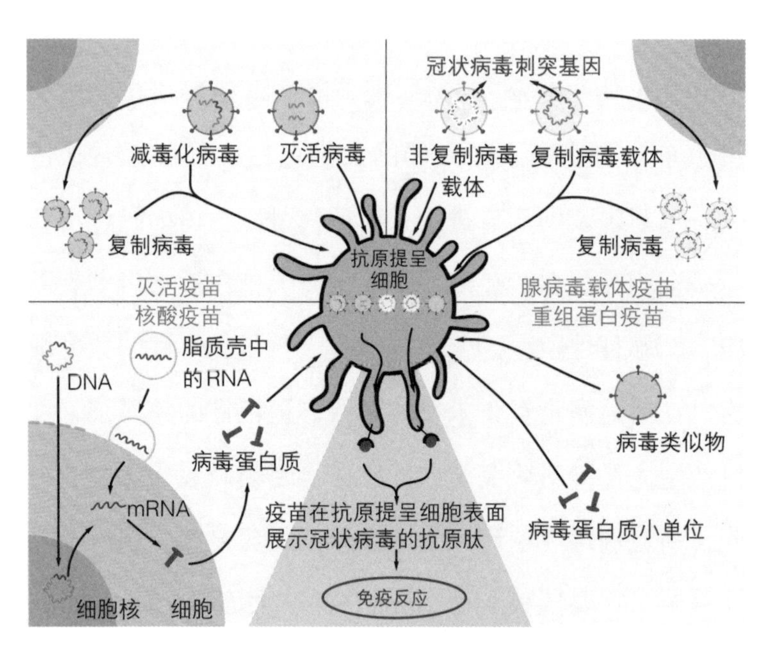

图8-1　疫苗的种类和免疫反应

毒用来指导刺突蛋白合成的遗传物质导入人体细胞中，让人体细胞自己来生产新冠病毒的刺突蛋白，从而引发持续而强烈的免疫应答。根据病毒遗传物质的种类，核酸疫苗可以分为DNA疫苗和mRNA疫苗。

目前，不同种类的新冠病毒疫苗正在研发或完善中。灭活疫苗、腺病毒载体疫苗、重组蛋白疫苗和核酸疫苗，每一种疫苗都有自己的优点，都是能够抵御新冠病毒侵染、保护我们自身安全的利器。所以，我们要尽快、尽早完成疫苗接种。

疫苗的有效性测试

通常情况下，疫苗在得到使用许可前，要经过三期的临床试验。这三期临床试验的规模、受试人数和研究目标都各不相同。一期临床试验受试者人数较少，一般是几十到上百人，主要是进行一些有效性和安全性的确认；二期临床试验则需要扩大受试者的范围，一般需要几百人，目的是逐步确认疫苗的接种剂量，接种次数、复种间隔时间等，然后进一步确认不同人群接种后的有效性和安全性；三期临床的试验范围则继续扩大，受试者可能达到数千人，目的是确认在大范围应用中疫苗的有效性和安全性。新冠病毒疫苗虽然是在短时间内研发出来的，但它仍然经历了全部三期临床试验。科学家们为了尽快获得试验结果，可能会采取一期和二期、二期和三期试验合并进行的方式。

在测试疫苗的有效性时，科学家们把志愿者分成两组，分别注射疫苗和安慰剂。疫苗的有效性衡量的是相对风险，即在相同的暴露条件下，将一组注射疫苗的人与一组注射安慰剂的人进行比较。假设在一个为期三个月的临床试验期间，每10 000名未接种疫苗的人中有100人感染，同时，每10 000名接种疫苗的人中有5人感染，那么疫苗的有效性为95%。也就是说，疫苗保护的是这100名未接种疫苗且确定会感染的人，而不是整个人群（10 000名）的95%。需要注意的是，疫苗的有效性会由于变异病毒的出现或者其他因素的影响有所不同。

疫苗的保护效果分为三个层次：第一层，预防感染，这是最高、最理想的目标；第二层，预防发病、减轻疾病的严重程度和避免死亡；第三层，预防接种疫苗后再感染的人把病毒传给他人。相比于疫苗具体的有效性，疫苗减少重症患者和死亡患者的数量以及防止病毒传播的作用更为重要。

3. 接种疫苗

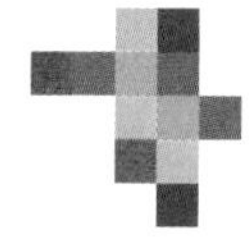

有些疫苗为什么要接种两次或两次以上呢?

大部分疫苗研发公司，都以两次接种的方式为基础进行疫苗研发。通常情况下，接种的第1针疫苗可以刺激我们身体的免疫系统做出免疫反应，第2针疫苗可以起到助推器作用，帮助我们的免疫系统达到最佳的保护效果。

用新冠病毒灭活疫苗作为例子，新冠病毒灭活疫苗在人体内产生的抗体中，最重要的就是IgM和IgG。IgM就是血清中的免疫球蛋白M，而IgG是血清中的免疫球蛋白G。在打第1针疫苗的时候，人体产生了少量抗体和免疫记忆细胞，并且抗体主要是亲和力低的IgM。在打第2针的时候，之前产生的免疫记忆细胞就会快速地产生大量抗体，这次产生的抗体主要是亲和力高的IgG。简单来说，接种第2针疫苗就是给身体再上一道“保险”，可以增强免疫系统对于病毒的记忆能力，也就是增加记忆细胞的数量和存活时间。

提高疫苗接种率

只有提高疫苗的接种率，才能有效地防止病毒扩散，但也有人担心疫苗会产生副作用，不想接种疫苗。

有报告称，4名美国人在接种英国某公司生产的腺病毒载体疫苗后，出现了严重血栓伴随血小板降低，其中3人在这种疫苗大规模接种以后出现血栓，1人在临床试验阶段因凝血障碍死亡。

根据美国疾病控制和预防中心的统计，自2021年4月以来，美国疫苗不良事件报告系统已经总计收到了一千多份关于在接种mRNA新冠病毒疫苗后发生心肌炎和心包炎的报告。

虽然某些数据显示，青少年感染新冠病毒后发展成重症的可能性较低，但由于全球范围内新冠病毒的扩散趋势没有减弱，各国政府开始倡导青少年接种疫苗。美国和部分欧洲国家从2021年5月开始，为12岁以上的青少年接种疫苗；2021年10月，韩国政府也在推动为青少年接种新冠疫苗；2021年7月，中国某研究所研制的新冠病毒灭活疫苗经有关部门组织论证后，获批在3至17岁人群中紧急使用……尽管世界各国因各种原因拒绝接种疫苗的人很多，但是为了保护我们的健康，政府应尽可能让更多符合疫苗接种条件的人接种疫苗。疫苗不可能是百分之百完美的，按照全球疫情发展态势，我们也没有时间去等待完全有效的疫苗。提高疫苗的接种率仍是目前我们应对新冠肺炎疫情的最有效办法。

疫苗能阻止变异病毒吗?

与所有病毒一样，新冠病毒也会随着时间的推移而发生突变。之前我们已经知道，病毒的突变是指基因组中核酸碱基序列的改变，发生突变的病毒称为“变异病毒”。如果感染病毒的个体数量增加，病毒变异的可能性也会增加。这是因为病毒复制得越多，发生变化的机会也就会更多。

科学家们非常关注新冠病毒的变异情况，尤其关注新冠病毒包膜表面的刺突蛋白出现的突变，因为刺突蛋白是病毒打开宿主细胞的“钥匙”，也是诱导人体产生保护性抗体的关键物质。

2020年初，中国国家微生物科学数据中心推出全球冠状病毒组学数据共享与分析系统，用于汇集全球范围内与冠状病毒有关的公开信息，并对不同冠状病毒的基因组序列做了变异分析与展示，免费为科研人员提供方便快捷的数据检索及资源下载，实现了病毒组学数据集成与标准化的分析挖掘流程，可以帮助全球科学家进行病毒的变异、溯源、进化等研究。由于基因碱基序列的突变会导致氨基酸的变化，科学家们以此为标准来区分变异的冠状病毒。

世界卫生组织2021年5月31日宣布，使用希腊字母命名在英国、南非、巴西和印度等国首先出现的新冠病毒变异毒株。时至今日，被世界卫生组织列为“需关注的变异毒株”的主要有以下5种：

1. 阿尔法（α）

阿尔法新冠病毒变异毒株于2020年9月在英国首次发现，编号为B.1.1.7。该变异毒株的特性是攻击免疫系统。与早期感染新冠病毒变体的细胞对比后发现，感染阿尔法毒株的细胞更善于隐藏，不易被免疫系统识别。感染后，病人会出现咳嗽不止的现象，甚至在口腔、鼻腔会分泌出带有病毒的黏液，致使传染性更强。

2. 贝塔（β）

贝塔新冠病毒变异毒株于2020年5月在南非首次发现，编号为B.1.351。这种变异毒株的特性是规避疫苗。贝塔新冠病毒变异毒株的传染性很强，且能够躲避人体免疫细胞的追踪，降低新冠病毒疫苗的预防效果，但接种疫苗依旧可以起到较好的防御作用，尤其是重症和危重症患者。

3. 伽马（γ）

伽马新冠病毒变异毒株于2020年11月在巴西首次发现，编号为P.1。这种变异毒株的特性是指数增长。

相关数据显示，伽马变异毒株的传染性约是新冠病毒原始毒株的2倍，且可以使患者康复后再次感染。

4. 德尔塔（δ）

德尔塔新冠病毒变异毒株于2020年10月在印度首次发现，编号为B.1.617.2。该变异毒株的特性是传染性强，部分数据显示，德尔塔变异毒株的传染性是阿尔法变异毒株的两倍。

5. 奥密克戎（o）

奥密克戎新冠病毒变异毒株于2021年11月9日在南非被首次确认，编号为B.1.1.529。此后，该变异毒株又发生了很多变异，仅在其包膜表面刺突蛋白上的变异就有32处。世界卫生组织在一份报告中指出，奥密克戎变异毒株似乎在所有已鉴定的抗原位点都有突变，这可能影响多数抗体对刺突蛋白的识别。因此奥密克戎变异毒株在全球总体风险等级定为“非常高”。相关数据显示，奥密克戎变异毒株的传播能力比其他变异毒株都强，而且奥密克戎变异毒株可能会有使人们二次感染不同亚型毒株（如奥密克戎BA.2和奥密克戎BA.5）的风险。

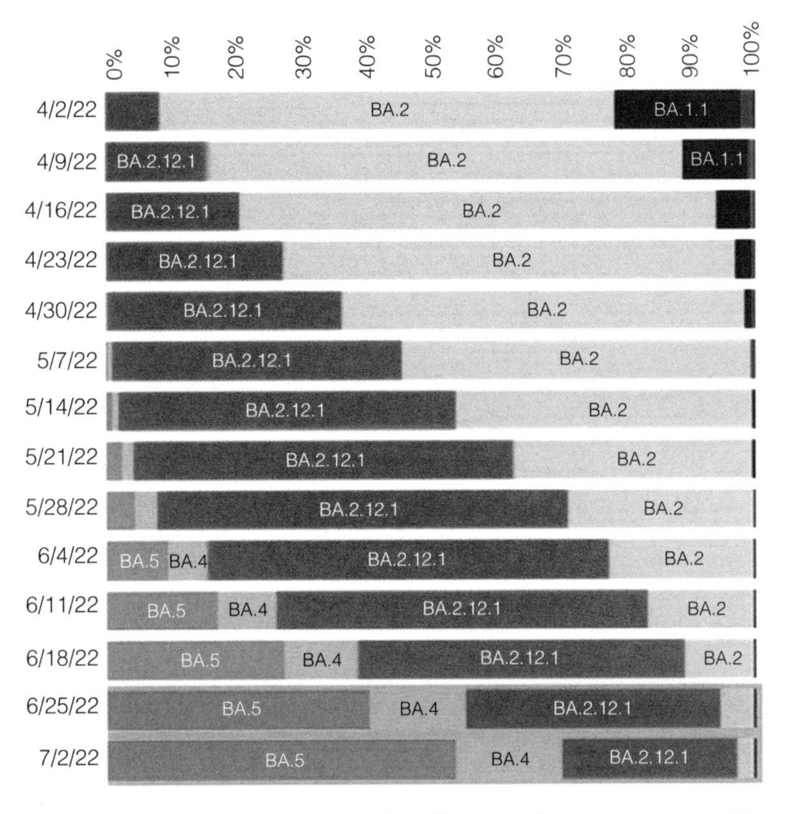

图8-2　美国疾病控制和预防中心提供的2022年4月至2022年7月，美国新冠病毒奥密克戎变异毒株的亚型毒株感染者比例

专家们担心，如果新冠病毒新的变异毒株持续出现，可能会对疫苗的有效性产生一定的影响。但对于目前主要流行的奥密克戎变异毒株及其亚型毒株来说，国际上的研究数据显示，现有的灭活疫苗、腺病毒载体疫苗、核酸疫苗等对奥密克戎变异毒株BA.1和BA.2都

具有很好的防死亡和防危重症效果，而BA.4和BA.5变异毒株没有发生本质上的变化，因此现有疫苗对于防死亡、防危重症仍然有效。所以，专家们还是建议大家尽快去接种疫苗。

疫苗效果能持续多久呢?

由于不同的人体质会有差异，有些人即使接种了疫苗，抗体的数量和质量可能会非常低，甚至可能完全不会形成抗体。除此之外，抗体的形成可能还和每个人所处的环境也有一定的关系。因此，有些人接种疫苗后仍可能被病毒感染。

接种疫苗后免疫能持续多久呢？目前为止，科学家们还不能给出确切的答案。特别是新冠病毒疫苗上市时间还比较短，数据还不够充分，有些种类的疫苗还在不断研发和完善中。为了应对新冠病毒的变化，提高现有新冠疫苗效果，中国于2022年2月开始部署新冠疫苗序贯加强免疫接种。“序贯免疫”即采用不同技术路线的疫苗，按照一定的时间间隔和一定的剂次，为了预防效果提高或者进一步降低严重不良反应风险，进行接种的一种策略。序贯免疫有两个优点：一是不同疫苗之间可以优势互补，二是对于部分人群可以减少副反应。由于不同的人体质不同，对某一种疫苗可能有的人副反应重一些，这时就可以通过变换疫苗，减少副反应的发生。研究数据表明，同源加强免疫和序贯加强免疫，都能够进一步提高免疫效果。

4. 可以实现群体免疫吗？

“群体免疫”的意思是当足够多的人对导致疾病的病原体产生免疫后，其他没有免疫力的个体因此受到保护而不被传染。群体免疫理论认为，当群体中有大量个体对某一传染病免疫或易感个体很少时，那些在个体之间传播的传染病感染链就会中断。达到群体免疫的水平，意味着即使不采取特别措施，病毒也不会进一步扩散。群体免疫通常是通过接种疫苗而实现的，如接种天花疫苗使人类获得了群体免疫，最终消灭了这种传染病；而群体免疫的另一个来源，是人群已经普遍接触或者感染过某一种病毒。

但是，专家们普遍推测，即使达到群体免疫，甚至几乎全民都接种了疫苗，新冠病毒也不会轻易消失。因为病毒在无法接种疫苗的人群中会有再流行的可能性。此外，如果不能在全世界所有国家同时形成群体免疫，通过国家间的人口流动，最终仍可能出现病毒再度流行的情况。因此，保障世界上所有的国家都能平等、迅速地接种疫苗非常重要。

拓展阅读：中国是对外提供疫苗最多的国家

截至2022年3月，中国已先后向120多个国家和国际组织提供了超过21亿剂疫苗。3款中国研发的新冠病毒疫苗被世界卫生组织纳入紧急使用清单，超过100个国家批准使用中国生产的疫苗，其中许多国家把中国生产的疫苗作为低龄儿童唯一使用的疫苗。中国持续为全球抗疫作出积极贡献，助力消除“免疫鸿沟”。

结　语

通过阅读之前的内容，我们知道了病毒和细菌是不同的，当病毒接触生物体时，它们会通过复制等适应环境的方式，表现出某种生命现象。然后我们从病毒的结构、种类、起源、进化等生物学的角度了解病毒。最后，我们还认识了最近在全球范围内肆虐的新冠病毒以及由它引发的新冠肺炎。

如果我们不能彻底消灭病毒，我们就应该探索应对病毒的方法。新冠肺炎全球大流行之后，戴口罩、保持社交距离、注重个人卫生、接种疫苗等方法是我们在与新冠病毒斗争的过程中总结出来的一套行之有效的应对之法。

有些学者指出，过去一段时间里，人类破坏自然，破坏野生动物的栖息地，导致了多种传染病的发生。新冠肺炎大流行以来，由于人类活动受到了一定限制，海

豚重新出现在意大利威尼斯，超过10万只海龟回到印度奥里萨邦的鲁西库利亚海滩产卵，一些空气污染比较严重的地区重新见到了蓝天……人类未能做到的事情，小小的病毒却做到了。面对病毒，我们应该进一步思考人与自然的关系。

我们虽然会战胜新冠病毒，但总有一天会再次遇到其他病毒的威胁。为了克服现在的危机，为了应对下一次的威胁，我们必须对病毒有所了解。希望本书可以成为我们认识病毒、了解病毒的一个新起点。